PORSCHE

PORSCHE

TEXT: **SYLVAIN REISSER**

FOTOS: **DOMINIQUE FONTENAT**

HEEL

INHALT

VORWORT

Dass ein Porsche mehr darstellt als einen reinen Gebrauchsgegenstand, das wird wohl ein jeder unterschreiben, in dessen Adern auch nur ein Tröpfchen Benzin fließt. Was aber ist der Grund dafür, dass selbst in der Welt der Aufsehen erregenden Sportwagen, die gewiss nicht arm ist an klangvollen Namen, Porsche sich eines so außergewöhnlichen Renommees erfreut?

Dafür lassen sich nach Ansicht des Verfassers dieser Zeilen in der Hauptsache drei Gründe namhaft machen.

Zum Ersten ist da natürlich die traditionell enge Beziehung, die das Werk zwischen seinen Serienmodellen und den entsprechenden Rennsportausführungen herstellt und die man, über die Zeit betrachtet, durchaus als einzigartig ansehen kann. Eine Verbindung, die Ferrari nach den 250 GT, die noch gleichermaßen für die Rennstrecke und die Straße taugten, abreißen ließ, um sich fortan ganz den Prototypen und natürlich der Formel 1 zu widmen; eine Verbindung, die im Falle Lamborghini praktisch nie bestand und bei Maserati selten gepflegt wurde, ganz zu schweigen von Herstellern wie Iso, Monteverdi oder De Tomaso, die, im Rückspiegel betrachtet, Episode blieben und die Mittel oder den Willen vermissen ließen, ihre Produkte im Rennsport zu vervollkommnen. Bei Porsche hingegen ließ man sich genau dieses von den frühesten Tagen des 356 an bis zum aktuellen Porsche-Cup angelegen sein, und die käuflichen Versionen profitierten selbst von den Erfahrungen, die man mit den Prototypen, vom Carrera 6 bis zum 911 GT1, machte. Der Kundensport prägte den Markennamen.

Zum Zweiten ergab es sich bei Porsche immer, dass man seinen eigenen Weg ging. Wo andere auf die Verlockungen italienischer Eleganz und mediterranen Stilbewusstseins setzten, schuf man in Stuttgart Karosserien ganz eigenen Gepräges, die dennoch ansehnlich blieben; wo andere schon früh mit Luxus prangten, hielt Porsche bis in die siebziger Jahre hinein am reinen Zweck fest. Von dieser faszinierenden Konstante des Porsche-Images zehrt die Marke noch heute, und das war wohl auch der Grund, warum sich der 928 nicht recht durchsetzen konnte – er kam zu früh. Entgegen allen Trends hielt man bis heute am Heckmotor fest, am liebsten immer noch luftgekühlt, wenn dem nicht gesetzliche Vorschriften im Wege gestanden hätten. Dass im Boxster der Motor vor der Hinterachse sitzt, ist kein Makel, denn damit griff man auf eine Anordnung zurück, die an sich auch der 356 hätte besitzen sollen und auf die man damals nur aus Kostengründen verzichtete. Die Interieurs waren lange Zeit zweckbetont, nüchtern und fast kahl – heute braucht man sich solche Zurückhaltung nicht länger aufzuerlegen. Nebenbei bemerkt sieht nur der triste Tatsachenmensch es als reinen Zufall an, dass Porsche sich nach dem Kriege wieder in Stuttgart niederließ. Das Sachlich-Nüchterne, das Zweckmäßige, das technisch Ausgefeilte sind Werte, die im Schwäbischen, wo Kunst immer noch von Kosten und nicht von Können abgeleitet wird, hochgehalten werden und insofern hätte sich die junge Firma keinen passenderen Standort erwählen können.

Zum Dritten schließlich, und hier sei es erlaubt, in persönlichen Kindheitserinnerungen zu schwelgen, gab es für den autobegeisterten Knaben keinen schöneren Klang als denjenigen, den ein blassroter 911S aus der Nachbarschaft, es muss wohl ein Zweiliter gewesen sein, von sich gab. Dieses heisere Röcheln stellte alles in den Schatten, was es sonst zu hören gab, und das schloss den einen oder anderen Exoten durchaus ein, der sich zuweilen in die Provinz verirrte. Der Klang der Technik als Begeisterung stiftendes Element – trotz sound engineering leben wir da heute in vergleichsweise ärmlichen Zeiten...

Neben tausend anderen Gründen scheinen mir vor allem diese dafür verantwortlich zu sein, dass Porsche in jenem Haifischbecken, in dem man sich befindet, bis heute überlebt hat und nach wie vor seinen Weg gehen kann. Wir sind zuversichtlich, dass dies noch lange so bleiben wird.

Pierre Gosselin
Präsident des 356 Porsche Club de France

Der Urahn

Große Dinge entstehen oft unter großen Mühen. Die Entstehung des Porsche 356 bestätigt diese Regel. In der unmittelbaren Nachkriegszeit erfüllt sich Ferry Porsche seinen Traum: einen Sportwagen in Serie zu bauen, der seinen Namen trägt. Dieser gewagte Schritt geht auf Ursprünge in den dreißiger Jahren zurück und drückt der jungen deutschen Nachkriegsgesellschaft seinen Stempel auf. Damals hatten die Entwicklungsstudios der Dr. Ing. h.c. Porsche GmbH die Welt des Automobils durch fortschrittliche technische Lösungen und Entwürfe beeindruckt, wovon besonders der Auto Union Grand-Prix-Wagen und der VW Käfer Zeugnis ablegen. Auf dem Käfer basierte auch die Idee für einen Porsche-Sportwagen. Nach der Realisierung dreier Alu-Coupés auf VW-Basis, Typ 64K10, für die letztlich abgesagte Fahrt Berlin-Rom des Jahres 1939, musste die Welt bis zum 11. Juni 1947 warten, als Ferry Porsche, dessen Vater damals noch in französischer Haft saß, den Startstoß zum Projekt 356 gab.

Mythos und Größe dieses Autos waren die Frucht einer außerordentlichen Verbindung: der Kombination eines getunten Serienmotors mit einer superben Sportwagenkarosserie. Ganze Generationen von Autofans regte diese Kombination zum Träumen an. Doch um dahin zu kommen, bedurfte es schon der Willenskraft und der Persönlichkeit eines Ferry Porsche, der seinen Traum Wirklichkeit werden ließ. Im Juli 1947 waren die Entwürfe 356.49.001, die zum ersten Prototyp des 356 führten, fertig. Aus wirtschaftlichen Erwägungen heraus und wegen der prekären Lage in Gmünd – die Kärntner Landesregierung hatte die Herstellung mechanischer Komponenten untersagt – übernahm dieser offene Zweisitzer mit Alu-Karosserie und Rohrrahmenchassis sehr viele Teile vom Volkswagen, darunter den luftgekühlten Vierzylinder-Boxer mit 1131 cm³, der es auf 35 PS brachte.

Dieser erste 356 entsprach in sehr hohem Maße den Vorstellungen Ferry Porsches. Mit einem Gewicht von knapp 590 Kilogramm erreichte der Roadster trotz seiner geringen Leistung erstaunliche Fahrwerte, zeigte sich bergfreudig wie eine Gemse und erreichte mühelos 130 km/h.

Der Winter 1947 wurde der Fertigstellung eines zweiten Prototyps gewidmet, der aus Kostengründen einfacher konstruiert war und einen im Heck installierten VW-Motor und einen Rahmen aus geschweißten Blechen besaß. Das ermöglichte nicht nur einen niedrigeren Verkaufspreis, sondern sorgte auch für ein gewisses Maß an Komfort, auf das bei ei-

nem Seriensportwagen nicht verzichtet werden konnte, und für die Möglichkeit, Gepäck unterzubringen.

Die Karosserie des 356, Werk des brillanten Ingenieurs Erwin Komenda, gab es von Beginn an als Coupé, Sportlimousine geheißen, sowie als Cabriolet. Obwohl der 356 deutlich auf dem Käfer aufbaute, war er doch ganz der Idee der Leistung verpflichtet. Seine bauchigen, runden Formen sind von ausgesuchter Reinheit und von einem zeitlosen Futurismus geprägt; hier haben wir gewiss eines der schönsten Automobile vor uns. Aus jedem Blickwinkel zeugt seine Linie von Einfachheit, Adel und Kraft. Kurz gesagt, der 356 verkörpert das Außergewöhnliche.

Trotz der finanziell schwierigen Lage und der Materialknappheit

in der Nachkriegszeit sollte Ferry Porsche Recht behalten:

der 356, das erste Auto, welches seinen Namen trug, wurde ein

großer internationaler Erfolg.

Der von Erwin Komenda gezeichnete 356 brach mit
dem ästhetischen Kanon seiner Zeit. Die vergleichsweise
ungewöhnliche Linie erregte die Bewunderung des
Jet-Set der Fünfziger.

Der 356 ist für die Geschichte der Marke Porsche äußerst wichtig – nicht so sehr wegen seiner für damalige Verhältnisse Aufsehen erregenden Fahrleistungen, sondern weil sich in ihm die Porsche-Philosophie gleichsam kristallisiert. Von Ferry Porsche ursprünglich konzipiert, um einen Sportwagen für sein Privatvergnügen darzustellen, entsprach der 356 offenbar über den Spaßfaktor hinaus genau den Erwartungen der Kundschaft.

Der Weg vom Zeichenbrett zum fertigen Auto war für das Team in Gmünd äußerst beschwerlich, dem es an Zeit und vor allem an Mitteln mangelte. Doch kein Hindernis ist unüberwindlich, wenn der Glaube an die Sache und ein starker Wille vorhanden sind. Dank der finanziellen Unterstützung Rupprecht von Stengers, der in Zürich eine Werbeagentur betreibt und die ersten vier Exemplare des 356 erwirbt, beginnt ganz zaghaft die Produktion, in reiner Handarbeit. Das sind notwendige, aber letztlich ungenügende Schritte. Auf sicheren Beinen steht die Sache erst, als man mit Heinz Nordhoff, dem Volkswagen-Direktor, eine Übereinkunft trifft,

die die Lieferung von Teilen sichert und es erlaubt, sich für Verkauf und Service des VW-Händlernetzes zu bedienen. Dieser im September 1948 unterzeichnete Vertrag sichert auch die materielle Zukunft der Familie Porsche, die ihre Autos in Österreich exklusiv verkaufen darf.

Angesichts der Ausweitung der Produktion, die aber durch Materialknappheit und das Fehlen von Werkzeugmaschinen behindert wurde, erwies es sich als unumgänglich, das Werk Stuttgart, in dem aber immer noch die Amerikaner saßen, wieder zu beziehen. Bis dahin kam Porsche auf dem Gelände der Firma Reutter unter und baute dort ab November 1949 500 Karosserien.

Unser graugrünes Exemplar, das in der Schweiz komplett restauriert wurde, dem Land, das 1949 auf dem Genfer Salon die Premiere der Marke Porsche erlebt hatte, entstammt dem Modelljahr 1954, erkennbar an der einteiligen Windschutzscheibe. Wie bei allen bei Reutter gebauten 356 besteht die Karosserie aus Pressstahlblechen und nicht mehr, wie bei den Gmünder Coupés, aus Aluminium – dies,

Der erste 356 nahm an vielen

Schönheitswettbewerben in ganz Europa teil.

um der Materialknappheit zu entgehen und die Serienfertigung einfacher zu gestalten. Auch sonst gab es einige Modifikationen: höhere Fronthaube, Entfall der Ausstellfenster, größere Fensterflächen, ein sich stärker verjüngendes Dach mit einteiliger, aber immer noch V-förmiger Windschutzscheibe, Letztere ein Charakteristikum aller 356 zwischen 1952 und der Einführung des 356A. Im Vergleich zu den frühen Versionen zeigte sich auch der Innenraum in vielen Details überarbeitet. Das einladendere Interieur war mehr auf Komfort ausgelegt und bot vor allem bequemere Sitze und ein lackiertes Armaturenbrett, dessen Bestückung noch recht spärlich war und lediglich Ölthermometer, Tachometer, Tourenzähler, eine Uhr und das aufpreispflichtige Radio umfasste.

Unter der Haube war das ursprüngliche Triebwerk einem luftgekühlten Anderthalbliter gewichen (Bohrung 80 mm, Hub 74 mm), der 8,2 zu 1 verdichtet war und mit zwei Vergasern vom Typ Solex 40 PBIC und einer Hirth-Kurbelwelle 70 PS bei 5000 Touren abgab. Darüber mag man heute lächeln, doch mit nur 800 Kilo Leergewicht und einem Cw-Wert von 0,296 erreichte der 356 damit ohne weiteres 145 km/h. Diese Leistung war das Ergebnis eines harmonischen Ganzen. Der 356 verfügte über einen Kastenrahmen, sicherlich wenig revolutionär, aber gekonnt ausgeführt; er war robust, leicht, besaß eine Vorderachse mit Parallellenkern und Torsionsstäben, eine Hinterachse mit Querlenkern an Torsionsstäben.

Die Lage des Motors im Chassis trug in hohem Maße zum ausgeprägt sportlichen Handling des Wagens bei. Diese hervorragenden Anlagen suchten nach Bestätigung. Während die ersten 500 Exemplare zum 21. März 1951 verkauft waren – zu diesem Datum brachte Porsche seinen neuen 1,3-Liter-Motor –, was Porsches Erfolg bei den Automobilliebhabern belegte, eröffneten sich der Marke mit den ersten Sporterfolgen auch bei anspruchsvollen Rennen wie den 24 Stunden von Le Mans oder der Fahrt Lüttich-Rom-Lüttich und auch den Erfolgen bei den Weltrekordfahrten in Montlhéry sehr viel versprechende Perspektiven. Ob auf der Straße oder auf der Rennstrecke, der 356 schickte sich an, Karriere zu machen. Als die Produktion Ende 1965 auslief, waren von allen Varianten insgesamt über 77.000 Exemplare gefertigt worden.

Der 356 wurde ständig weiter entwickelt, um den stets

wachsenden Ansprüchen der Kundschaft zu genügen, aber auch,

um auf der Rennstrecke wettbewerbsfähig zu bleiben.

PORSCHE 550 A - 1500 RS

Wege
zum Ruhm

Die Einführung der Markenweltmeisterschaft im Herbst 1952 fiel im Falle Porsche zeitlich mit dem Beginn einer neuen Epoche voll ehrgeizigen Bemühens zusammen. Die gerade einmal vier Jahre alte Marke hatte schon eine große Zahl von Klassensiegen in der GT-Kategorie erstritten, die Ferry Porsche nun aber nicht mehr genügten. Obwohl man sich in Stuttgart darüber im Klaren war, dass man nicht gleich mit den Großen konkurrieren könne, ließ man es sich angelegen sein, die Marschroute für einen grandiosen Aufstieg abzustecken. Angesichts einer erstarkten Konkurrenz drohten die 356 trotz aller Verbesserungen ins Hintertreffen zu geraten. Von nun an sollte das Haus verstärkt in der Sportwagenklasse antreten. Die Entwicklung des Sportmodells vertraute man dem Renntechniker Hild und dem Motoreningenieur Fuhrmann an. Auf dem Pariser Salon im Oktober 1953 zeigte Porsche

Der 550 Spyder legte als erster Rennsportwagen des Hauses das Fundament für Porsches legendäres Renommee. Hier sieht man ihn (Mitte) in Reims bei einem Rennen für Sport-Zweisitzer.

seine neue Waffe, einen sehr leichten und niedrigen offenen Wagen, in erster Linie, um die Reaktion des Publikums zu testen. Von den Serienmodellen unterschied sich dieser Wagen in zwei entscheidenden Punkten: durch sein Rohrrahmenchassis – mit zwei Längs- und sechs Querträgern – und durch den Motor, der nicht mehr, wie beim 356, im Heck untergebracht, sondern als Mittelmotor positioniert war. Unter der Motorhaube steckte das Glanzstück dieser kleinen Barchetta, der erste echte Porsche-Rennmotor.

Dieser von Ernst Fuhrmann konstruierte Motor, ein Vierzylinder-Boxer von 1498 cm³, zeigt sich überquadratisch ausgelegt, mit einer Bohrung von 85 mm und einem ultrakurzen Hub von 66 mm; die Maschine Typ 547 besteht zur Gänze aus Leichtmetall. Die Zylinderlaufflächen, auch sie aus Aluminium, sind hartchrombeschichtet, die Hirth-Kurbelwelle ist rollengelagert. Jede Zylinderbank beherbergt zwei obenliegende Nockenwellen zur Ventilsteuerung. Jeder Zylinder besitzt zwei unabhängig voneinander gesteuerte Zündkerzen. Mit zwei Solex-Doppelfallstromvergasern vom Typ 40PIJ leistet der Vierzylinder 110 PS bei 7000/min und erzeugt ein Drehmoment von 12,1 mkg bei 5200 Touren.

Beim Entwurf des Wagens ließen sich Hild und sein Team von den kleinen Sportwagen auf VW-Basis und den Porsche-Derivaten leiten, die der Frankfurter VW-Händler Walter Glöckler entworfen und nicht ohne Erfolg pilotiert hatte. Natürlich hielt sich das Werk an die Erfolgsformel Rohrrahmen und Mittelmotor, das Ganze soweit wie möglich perfektioniert. Zu den Verbesserungen zählten ein ZF-Sperrdifferenzial und neue, hydraulisch betätigte Trommelbremsen mit 280 mm Durchmesser. Unter Beibehaltung der Maße für Radstand (2100 mm) und Spurweiten (1290 bzw. 1250 mm) gelang es Hild, den neuen 550, also das 550. Projekt, das seit den dreißiger Jahren in den Porsche-Büros entstanden war, als Barchetta im Alugewand ganze 550 Kilogramm wiegen zu lassen, mithin 125 Kilo weniger als die bislang leichtesten Renn-356.

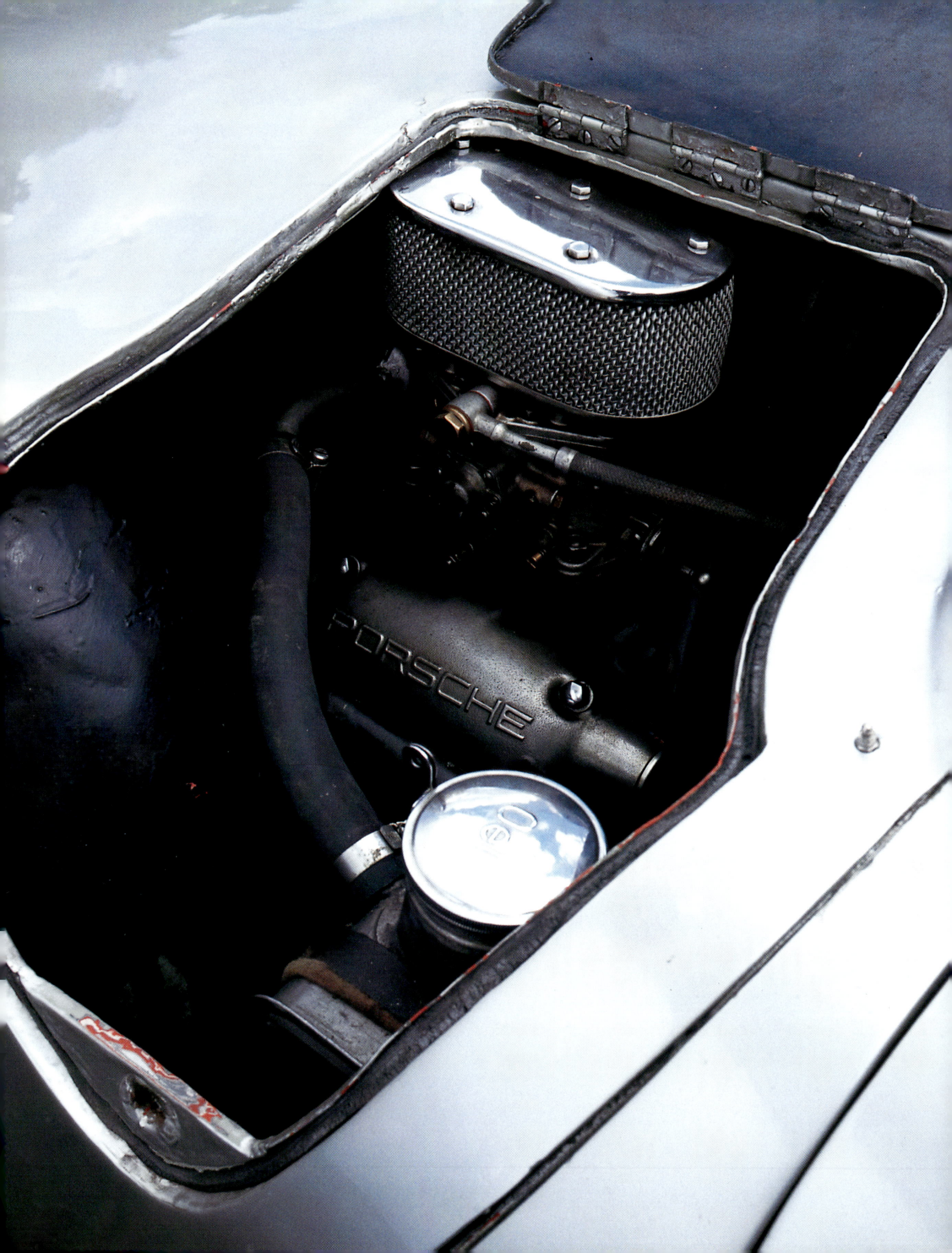

Erste Testfahrten mit dem Vierzylinder-Spyder mit seinen vier Nockenwellen fanden im Umfeld des Nürburgringrennens am 2. August 1954 statt. Ihr offizielles Debüt erlebten die von der Firma Weinsberg karossierten Spyder bei der Mille Miglia, wo Hans Herrmann/Herbert Linge den sechsten Gesamtrang und den ersten Platz in der Anderthalbliter-Klasse errangen. Das war der Auftakt zu einer langen Reihe von Erfolgen, was Porsche bewog, den Wagen ab Ende 1954 auch an Privatfahrer zu verkaufen.

Diese Kundenfahrzeuge waren mit den Werksversionen annähernd baugleich und wurden, karossiert von Wendler in Reutlingen, in über 100 Exemplaren für je DM 24.600,- verkauft; die Mehrzahl ging in die USA. Doch schon war ein Nachfolger in Sicht. Dieser 550A bot einen modifizierten und verstärkten Rahmen, eine überarbeitete Pendelachse sowie eine im Übrigen unveränderte Vorderachse, die größere Bremstrommeln beherbergte; erprobt wurden die Wagen in Le Mans. Die neuen Spyder wogen knapp über 520 Kilogramm und waren an der Fahrerkopfstütze erkennbar. Ferner unterschieden sie sich vom Vorgänger durch zwei Weber-Doppelfallstromvergaser, welche die Leistung auf 130 PS trieben, und ein vollsynchronisiertes Fünfganggetriebe.

Nach einem zaghaften ersten Auftritt auf dem Nürburgring machte der 550A bei der Targa Florio ernst, wo der Italiener Umberto Maglioli die Konkurrenz förmlich pulverisierte und mit fünfzehn Minuten Vorsprung gewann. Unser Exemplar stammt aus dem Mai 1957. Dieser 550A Spyder mit der Chassisnummer 0131 begann seine sportliche Laufbahn beim 1000-Kilometer-Rennen auf dem Nürburgring unter Wolfgang von Trips, wanderte dann durch die Hände der Herren Maglioli, Barth und von Frankenberg, allesamt Werkspiloten. In der Saison 1957 wurde 0131 hauptsächlich bei den großen Bergrennen eingesetzt und blieb auch 1958 in der Werksmannschaft, wo das Auto unter Edgar Barth am Mont Ventoux, in Trento und bei der Targa Florio lief, ehe es an Herbert von Karajan verkauft wurde, der einen 1588-cm³-Motor vom Typ 692/4 einbauen ließ.

Als erster speziell für den Renneinsatz konstruierter Porsche, der aber auch voll straßentauglich war, zeigt der 550A-1500 RS das ganze Potenzial des Hauses in punkto Rennsport auf. Aber nicht nur durch seine Sporterfolge machte der Spyder von sich reden, vor allem errang er Unsterblichkeit dadurch, dass der amerikanische Nachwuchsschauspieler James Dean am Steuer eines solchen Wagens in Nordkalifornien ums Leben kam. Auch dadurch wurde der Spyder zum Mythos.

Der unvergessliche Richard von Frankenberg (oben) führt auf seinem 550A Spyder auf der Nürburgring-Nordschleife vor wesentlich stärkeren Sportzweisitzern.

24 Stunden von Le Mans 1954 (vorhergehende Doppelseite): Ferry Porsche überwacht die Vorbereitung seiner vier 550 Spyder. Nummer 39 gewann unter Claes/Strasse die Anderthalbliter-Klasse.

Erster Versuch

Das Jahr 1955 ist vielen im Gedächtnis haften geblieben – und das aus gutem Grund. Im Gefolge der Frankfurter IAA im September 1955, wo man den überarbeiteten und modernisierten 356A präsentiert hatte, zeigte Porsche ein kleines Wunderwerk mit dem Viernockenwellen-Fuhrmann-Motor, den 1500 GS Carrera. Der Motor aus dem 550 Spyder in einem GT: dieser Streich erlaubte Porsche nicht nur, in der Anderthalbliter-GT-Klasse den Ton anzugeben, sondern auch mit Gesamtsiegen zu liebäugeln. Die Waffe hierfür war der 1500 GS, dem man bald die Bezeichnung Carrera anhängte, um damit an das großartige Resultat bei der Carrera Panamericana in Mexiko des Jahres 1954 zu erinnern. Wie die übrigen 356A, die es mit Hubräumen von 1300 bis 1600 cm³ gab, war auch der Carrera von Anfang an als Coupé, als Cabriolet und auch als Speedster lieferbar. Aber dem Carrera kamen die Karosserieverbesserungen des 356A in Gestalt der überarbeiteten Hülle, die intern T-1 hieß, vorläufig nicht zugute. Das Fahrwerk des A profitierte von den mit dem 550 Spyder gewonnenen Erkenntnissen. Um die Straßenlage und den Fahrkomfort zugleich spürbar zu verbessern, erhielt der 356 eine weichere Federung mit größeren Federwegen und verbesserte Radlager. Ab dem 1. März 1957 erhielt der 1500 GS Carrera die Karosserie des 356A. Erkennbar sind die neuen

Versionen in erster Linie an den mandelförmigen Rückleuchten, die an die Stelle der zuvor verwendeten vier runden Leuchten treten. Der Carrera seinerseits lässt sich sofort an den zusätzlichen Lüftungsschlitzen neben den Grilleinsätzen in der Motorhaube und am Doppelauspuff erkennen. Innen verfügt der Carrera, im Gegensatz zu den übrigen Modellen, über zwei Schalter zur Bedienung der Doppelzündung.

Diese Details mögen zwar für sich genommen beeindruckend erscheinen, was den Carrera aber wirklich einzigartig macht, ist sein Motor vom Typ 547/1, den wir bereits beim 550 Spyder erwähnt haben. Dieser Vierzylinder-Boxer mit vier obenliegenden Nockenwellen, ganz aus Aluminium bestehend, war nach Heckmotormanier noch hinter der Hinterachse platziert. Mit 100 PS bei 6200 Touren, also 20 PS mehr als der zuvor stärkste 356, kitzelte der Carrera die 200-km/h-Mauer. Mit seinen hervorragenden Fahrleistungen, die auch durch das mit 860 Kilogramm sehr niedrige Gewicht zustande kommen, stößt der Carrera in eine elitäre Automobilklasse vor, in der die Ferrari, Maserati und 300 SL den Ton angeben. Und obwohl der Carrera den Erwartungen seiner Kundschaft voll entspricht, kommt das Werk zu der Ansicht, dass der Wagen noch nicht hinreichend gerüstet ist, um es auf der Rennstrecke mit den 300 SL und

Der 356 Carrera verkörpert ein seinerzeit beliebtes
Porsche-Prinzip: kombiniere ein Serienmodell mit der
Technik der Renn-Spyder.

250 GT aufzunehmen. Und so kommt es im Mai 1957 zur Vorstellung einer neuen, stärkeren und leichteren Version. Diesen reinrassigen Rennwagen – den Carrera GS-GT, was für Gran Turismo steht – gab es nur als Coupé oder Speedster; er zeigte sich extrem abgespeckt. Zur Gewichtsreduzierung bestanden Heck- und Seitenscheiben aus Plexiglas, Türen und Hauben aus Leichtmetall. Darüberhinaus fehlten die Dämmmatten, die Schalensitze besaßen ein Gestell aus Alu, die Radkappen waren aus Leichtmetall gefertigt. Je ein neuer Solex 40 PJJ4-Vergaser versorgte jeden Zylinder, leistungssteigernde Einzelmodifikationen und ein Sportauspuff ließen den Output um 10 PS steigen. Innen entdeckt man vereinfachte Türinnenverkleidungen mit simplen Zuziehgriffen aus Leder, unter der Fronthaube steckt ein vergrößerter 80-Liter-Tank mit Schnellverschluss. Für beschleunigte Verzögerung sorgen vergrößerte, stahlringbewehrte Alu-Trommelbremsen.

Parallel zur Rennversion brachte Porsche auch eine zivile Version: den Carrera de Luxe. Diese Version bietet Fahrwerte, die an der Spitze der damaligen Konkurrenz lagen, will aber nicht auf Komfort verzichten und verwöhnt daher mit abermals weicherer Federung und einer Heizung.

Als Zeuge einer vergangenen Epoche, wo Handarbeit jedes Exemplar zu einem Einzelstück machte, symbolisiert der 356 Carrera 1500 GS-GT die harmonische Verbindung von Rennmotor und Serienkarosserie. Und der Carrera ist auch das erste Glied einer bis heute reichenden Kette von Leichtbau-Sportversionen.

Zunächst mit 1,5-Liter-Maschine im Angebot, mauserte sich der Carrera bald zum 1,6-Liter. Damals Platzhirsch in seiner Sportwagenklasse zählt der 356 Carrera GS-GT heute zu den begehrtesten 356.

Westküste

Als Symbol für eine sorglose und frohe Epoche und als Synonym für automobile Freiheit vermittelt der 356 Speedster Lebensart. Sein Erfolg verdankt sich in erster Linie der eleganten Linie seines Gewandes. Im Profil zeigt der offene Speedster eine ganz einzigartige Form, deren Feinheit und exemplarischer Reinheit sich kein Betrachter entziehen kann. Die Harmonie der Rundungen unterstreicht den angenehmen Gesamteindruck. Geschlossen verwandelt sich der Speedster mit seinem niedrigen, nach vorne hin abfallenden Verdeck zum gedrungenen, rassigen Tier. Dafür behindert das Klappdach dann die Sicht nach hinten und zu den Seiten ganz erheblich.

Der Speedster, ein Auto für Geschwindigkeitsfreaks, spiegelt exakt die Geisteshaltung einer Klientel wider, die starke Sinneseindrücke einem lauen Komfort vorzieht; ebenso weist er Max Hoffman als exzellenten Kenner des amerikanischen Marktes aus; ohne den gebürtigen Österreicher hätte es dieses Modell nicht gegeben. Der erfolgreiche und angesehene Geschäftsmann, der viele der großen europäischen Automarken in Amerika eingeführt hatte, beklagte sich nachdrücklich, dass Porsche kein Spaßcabrio im Programm hatte, wie es den sonnenhungrigen Kunden der Westküste behagte. Der Speedster diente im Übrigen auch als Speerspitze für das 356 Coupé, das auf dem US-Markt durchaus auf Absatzprobleme stieß.

Nach dem kurzlebigen 356 America Roadster, der 1952 in nur 16 Exemplaren entstanden war, brach sich so die Idee eines 356 Bahn, der mit den MG, Triumph, Austin-Healey, Jaguar XK und Chevrolet Corvette konkurrieren konnte. Speziell auf den kalifornischen Markt zielend, wo man sich gerne mit einem niedrigen und primitiven Notverdeck zufrieden gab, traf der Speedster von seiner Vorstellung im September 1954 an voll ins Schwarze.

Besondere Sportlichkeit vermitteln die sehr niedrige und stark geneigte Frontscheibe mit ihrer schmalen, verchromten Einfassung, das extrem niedrige Verdeck, das den Wagen bullig erscheinen lässt, und die anstelle von Kurbelfenstern verwendeten Steckscheiben. Auch die Linie der Flanken ver-

Vor allem für Amerika gedacht, das nach exklusiven Roadstern lechzte, war der 356 Speedster mit seinem Viernockenwellen-Carreramotor auch auf der Rennstrecke erfolgreich, in erster Linie bei den großen Straßenklassikern wie der Targa Florio, der Fahrt Lüttich-Rom-Lüttich und der Tour de France.

mag zu entzücken. Die frühen Speedster, erkennbar an den in die kleinen Frontkiemen integrierten Blinkern, sind ausschließlich für die USA bestimmt. Exklusiver als das Coupé kostet der Speedster gleichwohl weniger: mit 55 PS muss man für ihn 2995 Dollar hinlegen, für das Coupé dagegen 3590 Dollar. Für 500 Dollar mehr bekommt man die 70-PS-Maschine mit den Rollenlagern. Erst ab 1955 kann man den Speedster auch im Heimatland erwerben – für 800 DM weniger als das Coupé. Und der Erfolg lässt nicht lange auf sich warten, werden doch von dieser ersten Serie, alle Modelle zusammen genommen, zwischen September 1954 und September 1955 bei Reutter 1900 Exemplare fertiggestellt. Der Speedster nimmt auch stilistische Details vorweg, die sich ab Herbst 1955 am 356A wiederfinden werden: den robusteren und längeren Griff auf der Fronthaube ziert das Porsche-Wappen, die Schweller verfügen über chrombelegte Gummileisten. Wie das Coupé und das Cabriolet lässt sich

der Speedster mit den beiden 1,3-Litern mit 44 oder 60 PS ordern, aber auch mit den 60 oder 75 PS starken 1600ern, welche die früheren Anderthalblitermotoren mit wahlweise 55 oder 70 PS ersetzen. Neben diesen mehr oder weniger schwächlichen Maschinen gibt es aber auch den 1500 Carrera-Motor mit vier obenliegenden Nockenwellen, der 100 PS leistet und mit dem der Speedster hin und wieder auf der Rennstrecke anzutreffen ist. Ein solches Exemplar haben wir für unsere Aufnahmen ans Tageslicht geholt. Im Renntrimm ist der Carrera-Speedster dank seinem Sportmotor und der extrem leichten Karosserie gewiss der schnellste 356 seiner Zeit. Der Sporterfolg stellte sich auch bald ein, vor allem bei Langstrecken-Rallyes. Insbesondere gewann der Speedster Carrera die klassische Fahrt Lüttich-Rom-Lüttich im Jahre 1957 unter Storez/Buchet. Weniger glücklich war der Einsatz in Le Mans 1957, wo ein einziger Speedster mit Slotine/Bourel am Volant antrat, aber nach

In Carrera-Rennausführung, erkennbar am Überrollbügel und der nochmals reduzierten Komfortausstattung,
legt dieser seltene 356 Speedster Zeugnis ab von
Porsches Rennaktivitäten Ende der fünfziger Jahre.

Das 356 Cabriolet D, nur kurze Zeit im

Programm und bei der Karosseriefirma Drauz in

Heilbronn gefertigt, unterschied sich vom

Speedster durch stilistische Details, etwa den

verchromten Frontscheibenrahmen, legte aber

auch mehr Wert auf Komfort.

vier Stunden mit Motorschaden ausfiel. Der verbesserte 356A wurde im März 1957 erneut einer Verjüngungskur unterzogen. Mandelförmige Heckleuchten traten an die Stelle der vier runden Einheiten und die Endrohre des Auspuffes wurden in den unteren Teil der Stoßstangenhörner verlegt. Zugleich ändert der Speedster sein Wesen. Auf Drängen der Kundschaft sieht sich Porsche veranlasst, das Verdeck deutlich höher auszulegen und die Heckscheibe zu vergrößern. Zwar verbessern sich dadurch die Sichtverhältnisse und das zuvor klaustrophobische Raumgefühl im Inneren, doch sieht sich der Speedster dadurch auch seines früheren Charmes beraubt. Insgesamt steht der Wagen jetzt wuchtiger da. Innen steht dagegen alles im Zeichen einer ausgeprägten, zweckorientierten Sportlichkeit: es dominieren Einfachheit, Funktionalität, Leichtbau. Die schweren, verstellbaren Sitze aus Cabriolet und Coupé weichen einfachen Schalensitzen; Geräusch dämmende Matten, die hinteren Notsitze und die Sonnenblenden glänzen durch Abwesenheit. Wie es sich für einen Wagen dieses Zuschnittes geziemt, begibt sich der Speedster jeglichen protzigen Komforts.

Am in Karosseriefarbe lackierten Armaturenbrett prangen drei Instrumente, die Skalen in fluoreszierendem Grün markiert und direkt ins Blech eingelassen. Im Vergleich zu den früheren Versionen zeigen sich die Instrumente des Jahrgangs 1957 modifiziert. Der rote Bereich des in der Mitte thronenden Tourenzählers beginnt eigenartigerweise bereits bei 4500 Umdrehungen, obwohl die Nennleistung erst bei 5000 Touren anfällt. Links der bis 200 km/h reichende Tacho, rechts ein Kombiinstrument mit Benzinuhr und Ölthermometer sowie Warnleuchten für Batteriespannung und Öldruck. Ansonsten hat es sich Porsche einfach gemacht: die Schalter für Beleuchtung und Scheibenwischer und die kleinen sonstigen Bedienungsorgane sind von anrührender Einfachheit. Daraus resultieren ein Gewichtsgewinn von 45 Kilo – leer wiegt der Wagen jetzt 835 Kilogramm – und sportwagenmäßige Fahrleistungen, zu denen auch die kürzer übersetzten unteren drei Gänge ihr Teil beitragen. Unter allen 356 zählt der Speedster zu den Modellen, die den meisten Spaß bereiten und am unterhaltsamsten zu fahren sind. Schuld daran ist ein Cocktail aus leichtgängiger Lenkung, schaltfreudigem Getriebe, kräftigen Bremsen und einer gediegenen Dämpfung, welche die Straßenlage recht gutmütig

ausfallen lässt. Der Speedster stellt unwidersprochen den 356 in Reinkultur dar; durch Hollywood in den Rang eines Mythos erhoben, wurde er dennoch 1958 durch das Cabriolet D ersetzt, das man als einen verbürgerlichten Speedster betrachten kann, wie allgemein ab Ende der fünfziger Jahre das Streben nach Komfort beim 356 einen höheren Stellenwert gewann. Auch für das Cabriolet D gilt dies. Von außen unterscheidet sich das bei Drauz in Heilbronn gefertigte Cabriolet D durch die verchromten, robusten A-Säulen, welche den feinen Rahmen des Speedster ersetzen; im Einklang mit dem dieserart weniger sportlichen Profil erhält der D eine höhere und weniger gerundete Windschutzscheibe, seitliche Kurbelfenster und eine vergrößerte Heckscheibe. Innen verwöhnt die neue Version mit dickeren Teppichen und üppigeren Türverkleidungen. Ansonsten entspricht das Cabriolet D dem Speedster. Mit 1330 Einheiten, die zwischen August 1958 und September 1959 das Werk verließen, ist das Cabrio D sogar noch seltener als sein Vorgänger. Dennoch bleibt der Speedster bis heute in der allgemeinen Wertschätzung die Nummer 1.

In der Schweiz vollständig und äußerst aufwändig restauriert, gehört unser petrolblaues Photoexemplar Pierre Gosselin, dem Vorsitzenden des französischen 356-Clubs. Auch bei Regen und Sturm begibt sich Gosselin mit seinem Prachtstück auf die Straßen Europas, wo der 356 selbst und gerade heutzutage große Bewunderung hervor ruft – ein seltenes Stück und unser aller Aufmerksamkeit wert.

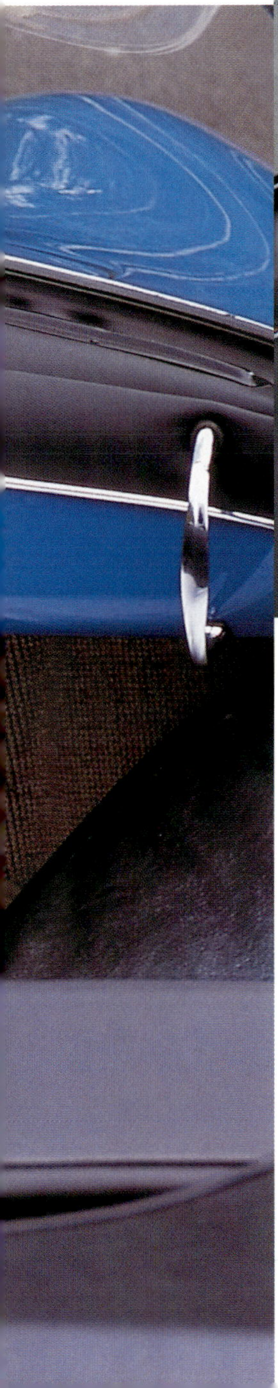

Dieses vor kurzem sehr aufwändig restaurierte Cabriolet D zählt heute zu den schönsten seiner Art in Europa.

33

Positive
Entwicklung

S eit Erscheinen des 550 Spyder im Jahre 1953 brachte Porsche ein ums andere Mal verbesserte Varianten, um in der Sportwagenklasse die Nase vorn zu behalten. Rückgrat dieser Modellflut war stets der von Ernst Fuhrmann im Winter 1952 konstruierte Doppelnockenwellen-Vierzylinder, der sich als sehr entwicklungsfähig erwies und zweifellos einen Meilenstein im Motorenbau darstellt. Überall zeigte die Maschine ihr Potenzial: bei GT-Rennen, bei den Sportwagen, bei Langstrecken- und Bergrennen, in der Formel 2 – die Liste ließe sich fortsetzen. Zu Beginn der sechziger Jahre schien dem Fuhrmann-Motor das Totenglöcklein zu läuten, war der Vierzylinder-Boxer doch von anfänglich 110 PS aus 1498 cm³ nunmehr auf 180 PS erstarkt. Das Werk war so weit gegangen, wie es konnte, um durch technische Verfeinerungen und Hubraumerhöhungen die Leistungsausbeute zu stei-

Der Spyder RSK folgte dem 550A Spyder

von 1957 und ging dem 718 RS 60 voraus. Mit

seinen Heckflossen und der aerodynamischen

Form brachte der RSK Harry Schell bei den

1000 Kilometern am Nürburgring 1958 auf

den siebten Platz (oben Mitte).

gern, jetzt war der Moment gekommen, nach einer neuen Basis zu suchen. Da sich der Achtzylinder, der später als Anderthalbliter den Formel-1-Wagen und als Zweiliter die Sportwagen befeuern sollte, noch in der Planung befand, musste Porsche sich fürs Erste aber noch mit seinem bewährten, aber überalterten Motor begnügen. Nach der schwachen Vorstellung der 718 RSK in Le Mans 1959 befand sich das Werk im Jahr darauf schon wieder auf der Siegerstraße, mit einem Auto, das in vielem schon auf die Achtzylinder voraus wies.

Dieses Auto war der 718 RS 60, der um den Preis eines chirurgischen Eingriffes die Lebensdauer des Vierzylinders bei den Sportwagen noch einmal um einige Rennen verlängerte. Als Fortentwicklung des 718 RSK war der RS 60 eher eine neue Evolutionsstufe der letzten RS-Modelle denn ein völlig neues Modell. Technisch dem RSK überlegen – dank den Erfahrungen, die man inzwischen in der Formel 2 gewonnen hatte –, zeichnete sich der RS 60 durch einen um 10 cm verlängerten Radstand aus. Der misst jetzt 2200 mm, bietet dem Piloten mehr Bewegungsfreiheit und verbessert den Geradeauslauf entschieden. Wie beim RSK besteht die Vorderachse des RS 60 aus Kurbellängslenkern; hinten stützen sich Dreieckslenker auf das Kardangehäuse. Jüngsten Erkenntnissen folgend, befinden sich vorne quer installierte, die ganze Chassisbreite abdeckende Torsionsstäbe; hinten kommen Schraubenfedern und zweiseitig wirkende Teleskopstoßdämpfer zum Einsatz.

Auch der RS 60 besitzt den Stahlrohrrahmen des RSK und eine Alu-Karosserie. Um die Straßenlage zu verbessern, zeigt

Dieser 718 RS 60, Chassis Nummer 718/059, wurde im Juni 1960 an den französischen Porsche-Importeur Auguste Veuillet geliefert, der den Wagen bei den 24 Stunden von Le Mans antreten ließ.

Der 718 RS 61 unter Bonnier/Gurney unterwegs zum Sieg bei der Targa Florio 1961 (rechts).

sich die Hülle des RS 60 leicht überarbeitet, zum Einen in Gestalt einer runderen und niedrigeren Schnauze, zum Anderen mit einer Finne, die hinter dem Kopf des Fahrers beginnt und sich zum Heck hin zieht. Leider werden diese Fortschritte aber durch das FIA-Reglement wieder zunichte gemacht, das für Spider jetzt absurderweise eine Frontscheibe von mindestens 25 cm Höhe sowie einen Kofferraum unter der Fronthaube vorschreibt. Dadurch verliert der Wagen auf schnellen Strecken bis zu 8 km/h an Höchstgeschwindigkeit.

Motorseitig findet sich im RS 60 der Vierzylinder mit insgesamt vier obenliegenden Nockenwellen, Typ 547, der auf 1588 cm³ aufgebohrt wurde. 9,8 zu 1 verdichtet leistet die Kundenversion unter Verwendung zweier Weber-Doppelfallstromvergaser Typ 46 IDM-1 150 PS bei 7800/min. Die Werkswagen bieten 1606 cm³ Hubraum und geben bei 8000 Touren 165 PS ab. Bis auf einige Details sind die beiden Motorentypen identisch.

Obwohl die Maserati Birdcage-Modelle, die Ferrari Testarossa und auch die Aston Martin nominell stärker sind, haben die

RS 60 beim Nürburgringrennen ihren großen Auftritt, wo Regen und Nebel die Fahrverhältnisse beeinträchtigen. Und so gewinnen Olivier Gendebien und Joakim Bonnier auf dem RS 60 die Zweiliter-Klasse.

Nach einigen weiteren Klassensiegen zeigt sich Porsche gewillt, seine Position in Le Mans zu verteidigen. Außer den drei Werks-RS 60 mit interessanten aerodynamischen Hilfsmitteln stehen auch zwei RS 60 in Privathand am Start. In einem blauen Fahrzeug, das an den französischen Porsche-Importeur Auguste Veuillet geliefert worden war, wechseln sich Kerguen und Lacaze ab; in den ersten Stunden fahren die beiden noch mit den Werkswagen mit, müssen aber nach acht Stunden wegen eines technischen Gebrechens aufgeben.

Wenige Wochen später fährt ein entfesselter Joakim Bonnier auf dem blauen Wagen einen großen Sieg bei den Sechs Stunden der Auvergne heraus. Nach einem Intermezzo in Gestalt des Großen Preises von Cuba für GT- und Sportwagen geht der französischblaue RS 60 an Régis Fraissinet über, der ihn 1961 bei zahlreichen Bergrennen einsetzt und mit sechs Siegen Französischer Bergmeister wird. Fraissinet fuhr den Wagen bis 1963; im gleichen Jahr belegte er beim Grand Prix d'Auvergne in Clermont-Ferrand den siebten

Rang. Später kaufte Claude Caillaud das Auto und bestritt mit ihm von 1964 bis 1967 wiederum eine große Zahl an Bergrennen.

Der blaue RS 60 befand sich seit 1960 in Frankreich und war Vorläufer dreier spezieller RS-Modelle – zweier Coupés und eines Spyder –, die mit dem neuen Achtzylindermotor aufwarten konnten und insofern Übergangsmodelle bleiben sollten. Der 718 RS 60 jedenfalls schloss das Kapitel der frühen Vierzylinder-Sportwagen.

Die Porsche-Armada vor dem Start zur klassischen Targa Florio auf Sizilien 1959 (oben). Der wohlpräparierte 718 RSK von Edgar Barth zeigte sich seinen Geschwistern und einem Rudel von 356 Carrera überlegen.

PORSCHE 356 CARRERA GTL

Deutsch-italienische Freundschaft

W ie Graf Giovanni Lurani Cernuschi, zu Beginn der fünfziger Jahre Chef bei Lancia, enthüllt, steht der Begriff Gran Turismo weniger für einen Lebensstil oder ein Modephänomen, sondern für eine ganz für sich stehende Klasse im Automobilsport. Schon nach sehr kurzer Zeit, und unter freundlicher Hilfe der Rennveranstalter, waren die GT imstande, sich selbst bei überaus anspruchsvollen Rennen wie der Mille Miglia, der Targa Florio oder der (automobilen) Tour de France zu behaupten. Das zeigte sich auch bei den 24 Stunden von Le Mans im Jahre 1959. Mit seiner Entscheidung, zum ersten Mal (wenigstens offiziell) zwischen reinen Rennwagen und serienmäßig gefertigten Gran-Turismo-Fahrzeugen zu unterscheiden, trug der veranstaltende Automobil Club de l´Ouest

maßgeblich dazu bei, das Le Mans-Rennen attraktiv und interessant zu halten. Unter dem einstimmigen Beifall des Publikums und der Presse und durchaus auch im Interesse der Hersteller liegend, wurden die Karten bei den Langstreckenrennen dank der erstarkenden GT-Wagen neu gemischt. Porsche konnte mit den PS-Monstern nicht länger mithalten und war nicht mehr in der Lage, um den Gesamtsieg zu fahren; da man aber bestrebt war, den Rennsport als Impuls-

Start zum GT-Rennen auf dem Nürburgring 1963 (oben rechts). Linge gewann das Rennen auf seinem 356 B 2000 GS-GT (Nummer 34) nach einem harten Duell mit den Abarth-Carrera von Ben Pon und Koch.

Der Porsche Carrera Abarth entstand zwar auf Basis der Renn-Carrera,

unterschied sich aber optisch erheblich von diesen. Gleichwohl trugen seine

Erfolge in der Markenweltmeisterschaft Anfang der sechziger Jahre in hohem Maße

zum Renommee der Marke bei.

geber für die Serienautos zu nutzen, entschloss man sich in Stuttgart, verstärkt dagegen zu halten. Da man sich der Grenzen des 356 Carrera 1600 GS, des bislang sportlichsten Serienmodells, bewusst war, insbesondere seines vergleichsweise hohen Gewichtes, suchte man nach Heilmitteln. Ein solches fanden die Stuttgarter ganz unerwartet in Italien, in Gestalt des Carlo Abarth. Nach einigen Meetings im Laufe des Jahres 1959, an denen von Seiten Porsches Ferry selbst, Walter Schmidt und Klaus von Rücker teilnahmen, traf man sich am 18. September 1959 in einem Café in Frankfurt und unterzeichnete einen Vertrag. Dessen Inhalt bestand darin, dass Abarth für Porsche zwanzig Leichtbau-GT auf Basis des 356 Carrera entwerfen und bauen sollte. Sollte deren Gewicht das vom Reglement geforderte Mindestgewicht unterschreiten, wie man es sich wünschte, würde man die Differenz durch Stahlplatten ausgleichen.

Zunächst wollte Porsche auf den Entwurf Einfluss nehmen, und Anfang Oktober 1959 reiste Franz Xaver Reimspieß nach Italien. In der Folge ließ man Abarth dann doch lieber freie Hand. Das Ergebnis konnte sich sehen lassen. Von Franco Scaglione entworfen und, wie es scheint, teils bei Zagato, teils bei Motto gebaut, übernahmen die Wagen zwar manches Detail vom 356 B GS, waren aber weitaus kühner geformt als alles, was bislang das Porsche-Wappen getragen hatte. Schlank und kauernd zeigte sich der 356 Carrera Abarth GTL mit seinen verkleideten Scheinwerfern. Im Hinblick auf die Langstreckenrennen verfügte der Wagen über einen 80 Liter fassenden Tank und ein Reserverad, das den gesamten Kofferraum ausfüllte. Der Prototyp hatte noch eine Motorhaube mit verstellbarer Lufteinlasshutze besessen; diese wich an den Serienmodellen zusätzlichen Lüftungsschlitzen zur Verbesserung der Motorthermik. Im Interesse größtmöglicher Gewichtsersparnis bot der Innenraum nur das Nötigste, also zwei Schalensitze und alles, was man zum Fahren brauchte.

In einem Schreiben an die Händler setzte Porsche den Preis für den Abarth GTL auf DM 25.000,- fest und kündigte die ersten Auslieferungen für März 1960 an, um der Kundschaft so gleich zu Saisonbeginn ein brauchbares Werkzeug an die Hand zu geben. Im GTL fand der aus dem Carrera 1600 GS bekannte Motor mit 1588 cm³ Verwendung, der, je nach Auspuffanlage, zwischen 115 und 135 PS abgab.

Nachdem man *auto motor und sport* am 12. März 1960 am GTL schnuppern ließ, erfolgte die Wettbewerbspremiere des neuen Wagens bei der Targa Florio, wo Linge/Strähle ihre Klasse gewinnen konnten, und dann beim 1000-Kilometer-Rennen auf dem Nürburgring. Ende Juni in Le Mans retteten Linge/Walter die Ehre des Hauses Porsche, indem sie das

Der Porsche Carrera GTL Abarth war ganz auf die Bedürfnisse von
Langstreckenrennen wie die 24 Stunden von Le Mans zugeschnitten. Daher besaß
er einen großen Alu-Tank, den 1,6-Liter-Carreramotor und ein länger übersetztes
Getriebe, was der Höchstgeschwindigkeit zugute kam.

Ganz nach Carrera-Art und zur Gewichtsreduzierung zeigte sich der Innenraum des Porsche Abarth absolut funktional.

Fahrzeug mit der Chassisnummer 1001, nach den Enttäuschungen mit den Werks-RS 60, auf den zehnten Gesamtrang und den ersten Platz in ihrer Kategorie pilotierten. Unser Fotoexemplar, ein Werkswagen, der einst das Kennzeichen S-AU 893 getragen hatte, verließ am 10. März 1961 die Montagehalle und trägt die Chassisnummer 1013. Im April bestritt er unter Linge/v. Hanstein die Targa Florio, wo er den siebten Gesamtrang und Platz zwei in seiner Klasse belegte. In Le Mans war 1013 einer von zwei Abarth GTL, die am Start standen, und der Einzige, der ins Ziel kam. Linge/Ben Pon erstritten sich Rang zehn und den Klassensieg. Mit ihrer Entscheidung, ab 1962 die Markenweltmeisterschaft im Bereich der GT-Wagen anzusiedeln, förderte die FIA eine Zeit lang die internationale Karriere des Carrera Abarth. Chassis 1013 vertrat das Werk weiterhin bestens, etwa bei den 12 Stunden von Sebring, wo das Auto unter Gurney/Holbert Platz sieben und wiederum den Klassensieg einfuhr. Einen Monat später erwies sich der GTL bei der Targa Florio mit Hermann/Linge am Volant wiederum als in seiner Kategorie unschlagbar. Dann, in Le Mans, ließ Porsche nur drei Exemplare des GTL an den Start gehen. Trotz der gegenüber den reinen Rennwagen deutlich schwächeren Leistung pilotierten Barth/Herrmann Chassisnummer 1018 auf einen hervorragenden siebten Gesamtplatz und holten, nach harten Gefechten mit einem Lotus Elite, auch den Klassensieg. Unsere Nummer 1013 kam mit Buchet/Schiller auf Platz zwölf, 1010 schied schon bald mit Getriebeschaden aus.

Im Februar 1963 fuhr Fritz Huschke von Hanstein 1013, jetzt mit einem Zweilitermotor ausgerüstet, bei den 250 Meilen von Daytona auf Platz sieben. Bei den 12 Stunden von Sebring belegten Holbert/Wester Platz eins in ihrer Klasse. Zum Abschied holte sich Herbert Müller im Juli 1963 die letzten beiden Klassensiege bei der Fahrt Trento-Bordone und im Sestrière-Rennen. Die Ankunft des 904 GTS bedeutete das Aus für den Abarth GTL. Im September 1964 erwarb Frau Busch aus Düsseldorf die Nummer 1013, die später noch dreimal den Besitzer wechselte.

Entgegen den ursprünglichen Planungen waren nur 20 Stück gebaut worden, hauptsächlich wegen Problemen mit der Konzeption des Wagens. Dennoch legen die Carrera Abarth GTL Zeugnis ab von einer äußerst ungewöhnlichen Paarung: deutsche Nüchternheit und italienischer Überschwang.

Da sich die Entwicklung des Achtzylinders verzögerte, mussten die Fahrer in der Saison 1961 mit dem alten Vierzylinder vorlieb nehmen. Erst nach der inoffiziellen Präsentation Anfang 1962 auf der Solitude, an der das Werksteam und die Fahrer Gurney und Bonnier zugegen waren (rechts), erfolgte die Freigabe des 804 F1.

Dan Gurney (unten) unterwegs zum einzigen Sieg des ersten Porsche-Formel-1 in Rouen am 8. Juli 1962.

PORSCHE 804 F1

Formel 1 zum Ersten

Die späten fünfziger Jahre waren bei Porsche eine Zeit, in der die Firmenphilosophie und das Streben nach Sporterfolgen jedweder Art dazu führten, dass das Haus sich an vielen Fronten engagierte. Den in den GT- und Sportwagenklassen gut eingeführten Zuffenhausenern bot sich, dank der zum 1. Januar 1957 wirksamen Wiederbelebung der Anderthalbliter-Formel 2, die Gelegenheit, im Weltmaßstab gute Leistungen zu erreichen. Die Formel 2 hatte vor der Wiedereinführung der Formel 1 ohne Weiteres zur Ermittlung des Weltmeisters gedient, war dann aber mit Einführung der neuen Zweieinhalbliter-Formel 1 für 1954 in der Versenkung verschwunden – nicht ohne die Gegenwehr einiger Hersteller, die mit der alten Grand-Prix-Formel gut gefahren waren. John Coopers Aktivitäten und die Ankunft des Coventry-Climax-Anderthalblitermotors beförderten die Renaissance der kleinen Klasse, die überdies Motorleistungen und damit die Kosten auf vertretbarem Niveau hielt. Porsches großer Erfahrungsschatz im Bereich der 1500-cm³-Triebwerke und die Aussicht, erstmals einen Grand-Prix-Zweisitzer auf die Beine stellen zu können, ließen die Kundschaft und dann auch das Werk der Versuchung zur Teilnahme erliegen. Die Silbermedaille, die Umberto Maglioli beim Großen Preis von Neapel im April 1957 auf einem RS Spyder errang (das Rennen war für Formel-1-, Formel-2- und Sportwagen offen), der Sieg Edgar Barths mit seinem Spyder mit versenkten Scheinwerfern, und nicht zuletzt auch die hervorragenden Zeiten, die ein RSK-Prototyp bei Testfahrten vor dem Nürburgring-Grand-Prix im August hingelegt hatte, bestärkten das Werk in seinem Vorhaben, wenngleich man das Hauptaugenmerk immer noch auf die Markenweltmeisterschaft legte. Doch auf diesem Ohr war der französische Pilot Jean Behra taub; auf seine Überredungskünste und seine magischen Worte „...wir nehmen einen RSK Spyder, machen ihn leichter, fummeln am Motor, verpassen ihm eine Stromlinienkarosserie und in Reims werden die Engländer sich die Zunge aus dem Maul hecheln, um mir folgen zu können!" reagierte das Werk äußerst positiv.

Nach den 24 Stunden von Le Mans nahm sich Wilhelm Hild den RSK Spyder – Chassis 718-003 – vor und machte aus ihm eine Barchetta mit Mittellenkung. Mit seinem auf 165 PS hochgekitzelten Vierzylinder, einer aerodynamisch günstigen Karosserie, halb verkleideten Hinterrädern und reduzierten Karosserieöffnungen trat der Wagen unter Behra bei einem Rennen im Vorprogramm des Frankreich-Grand Prix an und auch beim Großen Preis von Berlin auf der AVUS unter Masten Gregory. Dann wagte sich das Werk ganz langsam und vorsichtig weiter vor und bot ausgewählten Stammkunden an, ihre Spyder zu Einsitzern mit Mittellenkung umzurüsten; als

dann bekannt wurde, dass die Formel 2 durch die FIA wieder eingeführt werden würde und ab 1961 die bisherige 2,5-Liter-Formel 1 durch eine neue Monoposto-Formel mit maximal 1,5 Litern Hubraum ersetzt werden sollte, beschloss man fix, an dieser neuen Formel teilzunehmen. Ein Caveat schwebte aber noch über diesem Programm: Ferry Porsche wollte nicht einfach nur die Statistenrolle übernehmen, sondern bestand darauf, den Monoposto Typ 718 auf der Rennstrecke zu erproben, um die Entwicklungsarbeit, die Helmuth Bott und Hans Mezger geleistet hatten, auf den Prüfstand zu stellen. Vorgabe war eine Zeit von 9:30 min auf dem Nürburgring; Wolfgang von Trips schaffte es in 9.29.8 min. Diese zwei Zehntel sorgten dafür, dass der Monoposto endgültig grünes Licht erhielt und seine Sportlaufbahn beim Grand Prix von Monaco 1959 beginnen konnte.

Der Monoposto ähnelte in einigen Punkten dem RSK Spyder: auch er besaß einen Rahmen aus Stahlrohren und einen Vierzylinder-Mittelmotor – Typ 547, 1498 cm³ – sowie eine typische Porsche-Vorderachse; doch in anderen Details ging der 718 eigene Wege, so bei der Hinterachse mit doppelten Dreieckslenkern, Teleskopstoßdämpfern und Schraubenfedern; die schlanke Alu-Karosserie war extrem leicht, das Gesamtgewicht lag bei 480 Kilogramm.

Die ersten Ergebnisse waren durchwachsen, zeugten aber vom großen Potenzial des Fahrzeugs in der Formel 2. Mit fünf Autos und einer Armada von Klassepiloten, nämlich Moss, Bonnier, Herrmann, Barth und, im Wechsel, Graham Hill und Dan Gurney, machte sich Porsche berechtigte Hoffnungen auf den Titel des Jahres 1960. Doch auf der Strecke lief es dann nicht immer ganz so glatt; am Ende teilte man sich den Formel-2-Weltmeistertitel mit Cooper.

Zu Beginn der Saison 1961 widmete man sich verstärkt dem Anderthalbliter-Achtzylinder, der mit seinen 180 PS das künftige Formel-1-Auto antreiben sollte. Infolgedessen gerieten die

wackeren Formel-2-Wagen von Rennen zu Rennen mehr und mehr gegenüber der Konkurrenz ins Hintertreffen, auch wenn sie fortlaufend verbessert wurden. Schließlich debütierte der Achtzylinder 1962 in Zandvoort. Der niedrige und schlanke Monoposto besaß einen Rahmen aus geschweißten Rohren, unabhängig aufgehängte Räder und Scheibenbremsen. Aber die mageren Ergebnisse, die der Wagen einfuhr, zwangen Porsche am Ende der Saison 1962, aus dem Grand-Prix-Zirkus auszusteigen, auch wenn Dan Gurney überraschenderweise den GP von Frankreich am 8. Juli gewann. Ein weiterer Grund für den Ausstieg lag darin, dass man sich in Stuttgart nur mehr auf die seriennäheren GT- und Sportwagen konzentrieren wollte. Ebenso spielte eine Rolle, dass es in Deutschland keine funktionierende Infrastruktur von Formel-1-Zulieferern gab und Porsche das Karosseriewerk Reutter aufzukaufen beabsichtigte. Erst 20 Jahre später, im Jahre 1983, stieg Porsche wieder ein und erzielte als Motorenlieferant die erwarteten Erfolge.

14. Mai 1961. Joakim Bonnier (vorhergehende Doppelseite) in den Straßen von Monaco, am Steuer seines 787 F2, der mit Einspritzungsproblemen ausschied.

Joakim Bonnier (oben) in konzentrierter Fahrt im holländischen Zandvoort. Inmitten von Sanddünen belegte er hinter Dan Gurney den elften Platz.

8. Juli 1962. Der 804 F1 erringt unter dem begabten Amerikaner Dan Gurney seinen einzigen Sieg, beim Grand Prix von Frankreich in Rouen (links). Dieser Erfolg war jedoch nicht genug, um Ferry Porsche umzustimmen, und das Formel-1-Engagement wurde aufgegeben.

Auf der Straße, auf der Piste

Von Beginn an war es Porsches Bestreben, Autos zu bauen, die auch in der Stadt, auf Schnee und auf allen Rennstrecken der Welt gut zu fahren sein sollten. Das galt für alle Modelle des Hauses und in besonderem Maße für den 904 GTS. Entworfen von Frank Tomala, der als Technischer Direktor fungierte, bevor der junge Ferdinand Piëch Ende 1964 diesen Posten übernahm, erwies sich der 904 GTS, den man als Nachfolger der alten Vierzylinder-Spyder ansehen kann, als ausgesprochen vielseitig; aufgrund dessen verkauften sich einige Exemplare schon vor dem Debüt.

Seine Entwicklungsgeschichte, an der Nahtstelle zweier Porsche-Epochen liegend, verlief keineswegs ruhig. Nach den Enttäuschungen in der Formel 1 beschloss Porsche Ende 1962, sich motorsportlich ganz den Sport- und Gran-Turismo-Wagen zu widmen. Zur gleichen Zeit vollauf mit der teuren Entwicklung des 901 beschäftigt, die sich ihrem Ende näherte, musste Porsche an anderer Stelle finanzielle Abstriche machen. Daher wünschte man sich ein einziges Fahrzeug, das imstande sein sollte, in mehreren Klassen zu fahren, eine Straßenzulassung erhalten konnte und es seinem Besitzer er-

1964: Nachtstart zu den 12 Stunden von Reims (oben rechts).

Vianini/Nassif gewannen auf einem 904 die Zweiliterklasse.

TOTAL
l'union
GRAND JOURNAL D'INFORMATION
Coca-Cola
L'EQUIPE
moteurs
l'action
moteurs
LE MAGAZINE DU SPORT AUTOMOBILE
AUTOLITE
S.E.V. MARCHAL
IGOL
HAFA

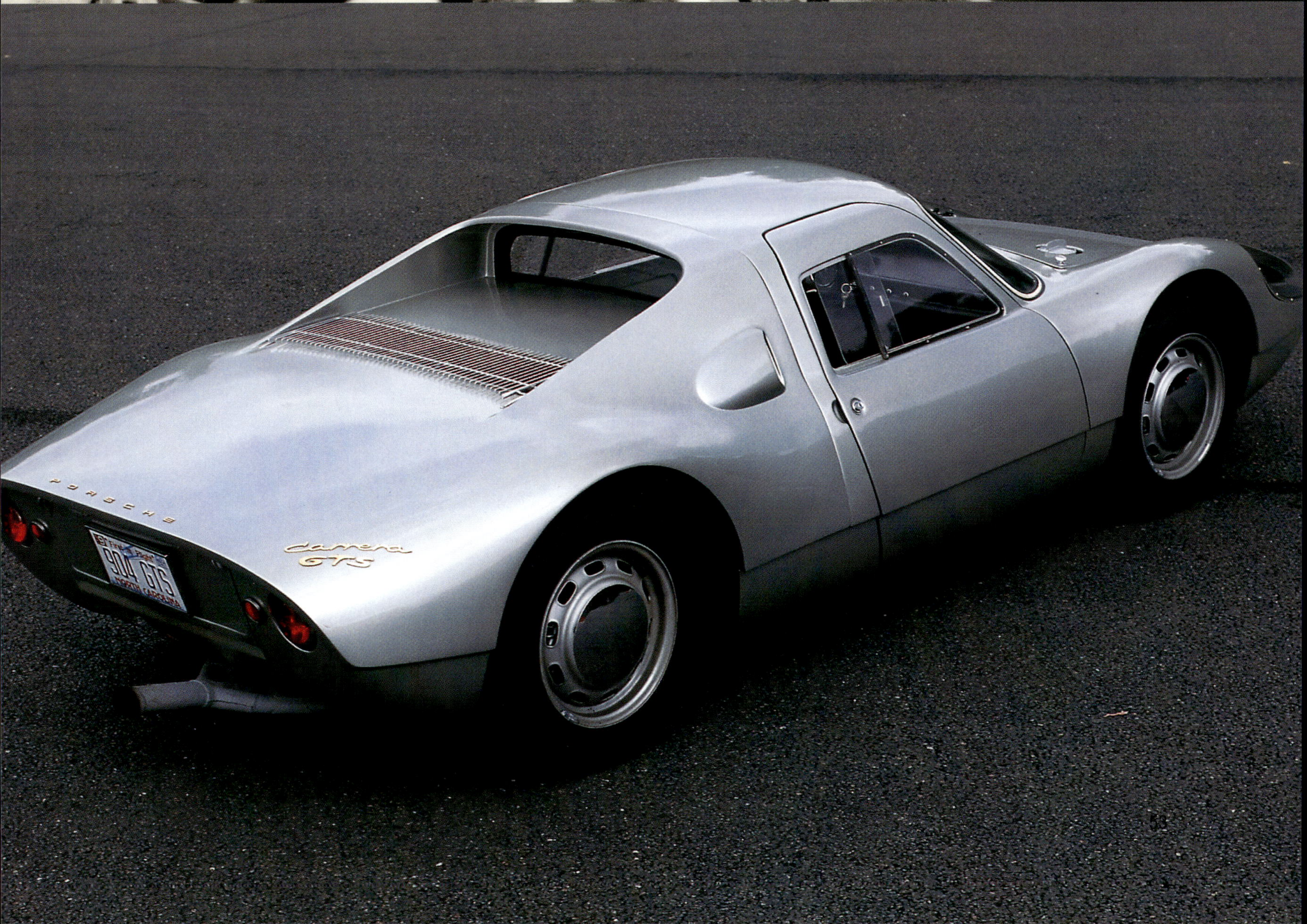
PORSCHE
Carrera GTS
904 GTS

Dieses Exemplar (Chassis Nummer 904-024) nahm an keinem einzigen Rennen teil. Ursprünglich im Besitz der Designabteilung von General Motors, wurde der Wagen später an einen Amerikaner verkauft, der die Abwesenheit eines automatischen Getriebes bemängelte! Im Übrigen besitzt der Wagen Stahlfelgen, wie alle zivilen Modelle des 904.

möglichen sollte, auf eigener Achse zu Rennveranstaltungen anreisen zu können. Da das damalige Reglement der Internationalen Sportbehörde CSI für die Homologation in der GT-Klasse mindestens 100 produzierte Exemplare verlangte, musste der Wagen günstig in Anschaffung und Unterhalt sein, Zuverlässigkeit und ein Mindestmaß an Komfort bieten. So entstand Zuffenhausens erster Mittelmotor-GT.

Aus ökonomischen Gründen und da man das Auto rasch auf die Räder stellen wollte, bot der 904 – eine Premiere für die Stuttgarter – einige technische Besonderheiten, die erst später weitere Verbreitung unter den Sportwagen fanden: Karosserie aus Kunststoff, Chassis mit Längs- und Querträgern aus kastenförmigen Stahlrohren, extrem niedrige Front. Die mit dem Chassis verklebte und verschraubte Karosserie sollte tragende Funktion übernehmen. Die Sitze waren nicht verstellbar, dafür ließen sich Pedalerie und Lenkrad dem Fahrer anpassen.

Die Kundenvorstellung fand am 26. November 1963 auf der Solitude statt, und die Vorführungen Barths und Linges ließen gut 20 Anwesende umgehend zum Scheckheft greifen. Gleichzeitig aber stellte das Werk von Wagen zu Wagen stark unterschiedliche Karosseriesteifigkeiten fest, die darauf zurückzuführen waren, dass die exakte Dicke der Polyesterlagen nicht zu kontrollieren war. Darüberhinaus ließen mit der Zeit die Verklebungen der Karosserie mit dem Chassis spürbar nach, was die Steifigkeit ebenfalls unterminierte. Intensive Tests ergaben, dass die Längsträger um die Radaufhängungen herum zur Brüchigkeit neigten und der Vorderwagen bei höherem Tempo gerne leichter wurde und schwamm. Manche Modifikationen halfen, die meisten dieser Schwachpunkte abzustellen, so dass die ersten Wagen rechtzeitig vor den 12 Stunden von Sebring ausgeliefert werden konnten.

Auch motorseitig war nicht alles nach Wunsch verlaufen. Ursprünglich war der neue Sechszylinder aus dem kommenden 901/911 vorgesehen, doch da diese Maschine Anfang 1964 noch nicht fertig war, montierte man einmal mehr den bewährten Fuhrmann-Vierzylinder. Dieser Typ 587/3 – wie stets aus Alu, luftgekühlt, mit je zwei obenliegenden Nockenwellen, und mit zwei Weber 46 IDM2 oder zwei Solex 44 P114 bestückt – war durch Erhöhung von Bohrung und Hub auf 1967 cm³ gewachsen und leistete dank der Feinarbeit von Hans Mezger 180 PS bei 7200/min. Die Version 1965 brachte es

Das Europa-Debüt des 904 GTS verlief sehr erfolgreich. Bei der Targa Florio 1964 gewannen Pucci/Davis gegen eine Vielzahl von Ferrari und vor allem auch gegen zwei Experimental-904 GTS mit Achtzylindermotor, die unter Bonnier/Hill und Maglioli/Barth antraten.

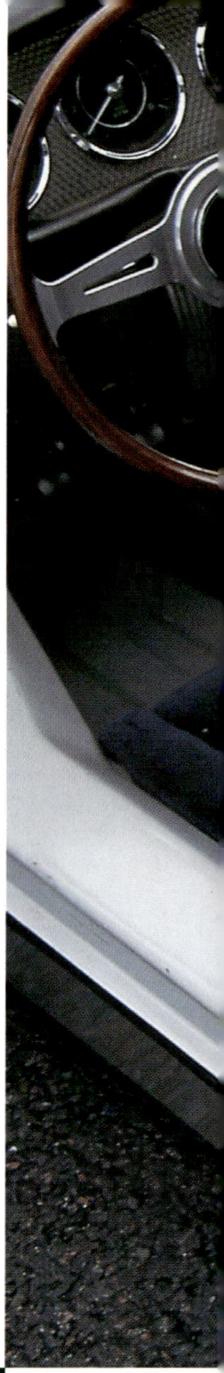

Der berühmte Vierzylinder mit je zwei obenliegenden Nockenwellen war in Mittelmotorlage eingebaut und machte den 904 sehr schnell.

mit vergrößerten Einlassventilen und geänderten Nockenwellen auf 185 PS. Das Getriebe stammte aus dem 901/911 und kam mit renntauglichen Übersetzungen, die sich der jeweiligen Strecke anpassen ließen.

Da die Zahl der bis Anfang 1964 produzierten 904 noch nicht für die GT-Homologation ausreichte, begann das Auto seine Sportkarriere – mindestens offiziell – in der Prototypen-Klasse bei den 12 Stunden von Sebring 1964, wo Cunningham/Underwood im Gesamtklassement den neunten Rang und in der Zweiterklasse den ersten Platz belegten. Der Doppelsieg zwei Monate darauf bei der Targa Florio, wo der 904 schon in der GT-Klasse unter Davis/Pucci und Linge/Balzarini antrat, markierte den Beginn einer zwei Jahre währenden Dominanz des 904, in deren Verlauf sich das Auto auf allen möglichen Strecken bewies: auf der Rundstrecke, bei Rallyes, bei Bergrennen und Langstreckenrennen. Ob bei der Tour de France Auto, auf dem Nürburgring, der Rallye Monte Carlo, den 24 Stunden von Le Mans oder in Reims, überall vollbrachte der kleine Zweiliter wahre Wunder und schlug dabei nicht selten die starken Ferrari und Cobra.

Dank seinen unbestreitbaren Vorzügen, in der Hauptsache seiner kaum glaubhaften Vielseitigkeit, und seinem erstaunlich günstigen Preis von DM 29.700,- war dem 904 auch wirtschaftlich ein bis dato unerhörter Erfolg beschieden, der das Werk dazu bewog, noch 1964 eine weitere Serie von 20 Exemplaren aufzulegen. Zehn Stück davon behielt sich das Werk zur eigenen Verwendung vor und stattete sie mit einer Sechszylindermaschine vom Typ 901/20 aus, sechs weitere Exemplare erhielten den vom Formel-1-Auto abgeleiteten Zweiliter-Achtzylinder. Kräftig und bei Langstreckenrennen weniger anfällig, musste der bald wieder ausrangierte Achtzylinder aber in der Protoypenklasse antreten. Der 904 brachte Porsche nicht nur viele Erfolge bis hin zur GT-Weltmeisterschaft in der Zweiterklasse 1964 und 1965, er zählt auch zu den ästhetisch gelungensten Schöpfungen aus der Hand Ferdinand Alexander Porsches. Niedrig, bullig und rassig nach Art des Ferrari 250 GTO oder des Aston Martin DB4 Zagato, stellte der 904 einen mustergültigen Gran Turismo dar, also ein Mittelding aus Rennsport- und Straßensportwagen. Und in der Geschichte des Hauses spielt der 904 aus mehr als einem Grund eine wichtige Rolle, auch als letzter Exponent einer ehrwürdigen Ahnenreihe. Nach 1965 beschritt Porsche andere Wege und begründete eine siegreiche Dynastie von Prototypen.

PORSCHE 906

Eine neue Ära

Mitte der sechziger Jahre spornten der Erfolg des 904 und eine starke Konkurrenz Porsche an, sich verstärkt um die Rennsportwagen zu kümmern. Auch die Einführung einer neuen Kategorie, der Sportwagenklasse, die mindestens 50 identische Fahrzeuge verlangte, brachte das Werk dazu, ein neues Modell zu entwickeln. Das wurde Anfang 1966 in Gestalt des Carrera 6 vorgestellt. Aus wirtschaftlichen Gründen und da von der 904-Produktion noch Teile übrig waren, entsprach das Fahrwerk des 906 weitestgehend demjenigen des 904. Auch die Grundkonstruktion mit Rohrrahmenchassis und Plastikkarosserie stimmte mit dem Vorgänger überein.

Der Carrera 6 war Ausgangsbasis für eine lange Reihe sehr erfolgreicher Sport-Prototypen aus Zuffenhausen. Das mit einem knappen Meter Höhe sehr niedrige Coupé verfügte über Flügeltüren, die hier erstmals an einem Porsche zu bestaunen waren.

Die flüssig gezeichnete Karosserielinie spiegelte auch das Bemühen der Ingenieure wider, dem Wagen eine gute Aerodynamik mit auf den Weg zu geben. Das Heckteil der Karosserie ließ sich im Ganzen hochklappen, um dadurch besseren Zugang zu Motor und Getriebe zu gewähren. Wie seine Vorgänger, bestach auch der Carrera 6 durch seine einfach gehaltene Konstruktion; nicht neu war dagegen das Streben nach größtmöglicher Gewichtsreduzierung, galt doch Gewicht als größter Feind der Geschwindigkeit. Daher beschränkte sich die Ausstattung des 906 auf ein Minimum.

Verglichen mit dem 904, zeigte der Carrera 6 auf vielen Gebieten deutliche Fortschritte. Fahrwerksseitig kamen vorne Querlenker zum Einsatz, dazu Schraubenfedern und doppelt wirkende Stoßdämpfer; angesichts der erreichbaren Tempi sorgte ein Querstabilisator für eine geringere Kurvenneigung. Hinten gab es Querlenker mit Längsstreben und Federbeine. Zur Verbesserung der Straßenlage kam der 906 mit Breitreifen vom Typ Dunlop Racing, vorne in der Größe 5,50 L 15 R7, hinten in 5,50 M R7.

Doch das Prachtstück am 906, das eine neue Ära einläutete, war der Motor. Der 356 war ausgelaufen, der berühmte

Unser Fotoexemplar, Chassis Nummer 906-102, diente seinerzeit der Homologation des 906 für die Sportwagenklasse.

12 Stunden von Sebring 1969: der 906 der Privatfahrer Caprilés/Atencio lässt gleich zwei Werks-908 passieren.

Als Nachfolger des 904 GTS schlug der 906 ein neues Kapitel in der Geschichte der Porsche-Rennwagen auf. Der 906 und seine Weiterentwicklungen 907 und 910 zählten zu den wenigen Prototypen, die auch auf öffentlichen Straßen bewegt werden durften. Ihr wahres Revier waren aber die Rennstrecken der Welt und die Bergrennveranstaltungen, wo der Carrera 6 in kurzer Zeit zahlreiche Siege einfuhr.

dohc-Vierzylinder am Ende angelangt; auch wollte Porsche den neuen Zweiliter-Sechszylinder aus dem 911 in der Rennszene einführen. Diese Maschine, Typ 901/20, die auch im 911R Verwendung fand, leistete 210 PS und unterschied sich vom Motor des 911 S, Jahrgang 1966, durch die Verwendung von Magnesium für Ölwanne und diverse Gehäuse, durch größere Ansaug- und Einlasskanäle, durch Ventile von größerem Durchmesser, Weber 46IDA3-Vergaser, Doppelzündung und Titanpleuel.

Die ersten 50 Exemplare des 906 wurden zum günstigen Preis von DM 45.000,– angeboten und waren im Nu verkauft. Um der Nachfrage Herr zu werden, musste Porsche 15 weitere Stück herstellen. Insgesamt wurden 52 Carrera 6 mit dem Zweilitermotor, 9 Prototypen mit Einspritzung und vier Prototypen mit 2,2 Liter großem Achtzylindermotor hergestellt. Da die Freigabe für die Sportwagenklasse noch ausstand, feierte der 906 ein erstaunliches Debüt auf der internationalen Szene bei den 24 Stunden von Daytona 1966 unter Linge/Herrmann. Dieser fabelhafte Einstand bei einem der renommiertesten, da längsten und anspruchvollsten Rennen der Welt unterstrich das Können der Stuttgarter Ingenieure. Auch bei der Targa Florio, dem Schauplatz der Europa-Premiere, zeigte sich, dass Porsche mit dem 906 einen Siegertyp an der Hand hatte. Dort starteten fünf Wagen, davon vier in den Farben des Werkes.

Für die 24 Stunden von Le Mans wurden fünf Autos präpariert. Zwei davon traten in der Sportwagenklasse an und besaßen das Zweiliter-Vergaseraggregat. Die anderen drei trugen die Einspritzmaschine, die 220 PS bei 8200/min abgab und sowohl über mehr Leistung als auch über ein höheres Drehmoment bei niedrigen Drehzahlen verfügte. Speziell für die lange Hunaudières-Gerade bekamen die 906 das sogenannte Langheck, das den Autos bessere Stabilität und 15 km/h mehr Höchstgeschwindigkeit bescherte. Vier der fünf Carrera 6 kamen ins Ziel, ihre Ausbeute belief sich auf die Plätze vier und sieben, den Gesamtsieg in der Indexwertung und den Sieg bei den Sportwagen.

Unser rotes Auto ist das zweite hergestellte Exemplar – Chassis Nummer 906-102 – und mit Sicherheit eines der berühmtesten, diente es doch als Abnahmeexemplar für die am 1. Mai 1966 erteilte Homologation für die Sportwagenklasse. Im Februar 1966 zierte es auch die Seiten der Zeitschrift *Road & Track*. 906-102 wurde am 28. Februar 1966 für den Fahrer Charles Vögele an den Schweizer Importeur AMAG ausgeliefert und begann seine Laufbahn am 25. März bei den 12 Stunden von Sebring. Auf der Suche nach einem geeigneten Kopiloten wandte sich Vögele an Rico Steinemann, der ihm den Landsmann Jo Siffert anempfahl. Man war sich rasch einig, und das Team Vögele/Siffert belegte bei dem amerikanischen Klassiker auf Anhieb Rang sechs. Diese Schweizer Glanzleistung blieb nicht unbeachtet. Für die 1000 Kilometer von Monza machte Ferdinand Piëch, jetzt in der Rennabteilung tätig, keinen Hehl daraus, dass er sich Sifferts Dienste für das Werk sichern wollte. Doch Piëchs Pläne kreuzten sich mit der Skepsis eines Fritz Huschke von Hanstein, seines Zeichens Sportdirektor bei Porsche. Dennoch blieb Piëch am Ball. Beim 1000-Kilometer-Rennen am Nürburgring ging Piëch erneut in die Offensive und verlangte von Vögele, ihm Siffert für einen Einsatz im Werkswagen zu überlassen, damit dieser seine Fähigkeiten erneut beweisen könne. Das Ergebnis entsprach den Erwartungen:

so schnell wie Siffert war niemand sonst. Piëch durfte jubeln, und einem Vertrag zwischen Porsche und dem schweizerischen Fahrtalent schien nichts mehr im Wege zu stehen. Doch von Hanstein hinderte den jungen Piëch einmal mehr an der Ausführung seiner Pläne und zauberte den Sizilianer Nino Vaccarella aus dem Hut. Wieder in Zuffenhausen, bat ein erschöpfter Piëch seinen Onkel Ferry Porsche, die Sache zu regeln. Der junge Ingenieur trug den endgültigen Sieg davon. Ab Le Mans verstärkte Jo Siffert das Werksteam. Des Siffertschen Talents beraubt, fuhr Vögele in der Saison 1967 hauptsächlich in der Europäischen Bergmeisterschaft.

1967 widmete sich Porsche in erster Linie dem neuen 910, und der 906 trat überwiegend in den Händen von Privatiers an; das war eine Konstante in der jungen Geschichte des Hauses. Jo Siffert bildete jahrelang mit großem Erfolg das Rückgrat des Werksteams.

Der Carrera 6 war der erste Sportwagen des Hauses, der den Sechszylinder aus dem 911 besaß. In Rennversion leistete dieses Triebwerk 210 PS aus zwei Litern und machte den 906 über 260 km/h schnell.

Von allen in diesem Buch abgelichteten Wagen hat dieser 910, Chassis Nummer 910-019, die längste Sportkarriere aufzuweisen. Von 1967 bis 1977 lief dieses Auto auf zahlreichen Rennstrecken weltweit, zur großen Freude seiner verschiedenen Besitzer.

Gelungenes Vorspiel

Die sehr kurze Motorsport-Karriere des 910 war eine Folge der rasanten Entwicklung im Rennsportwagenbau, die vor allem durch den Titanenkampf zwischen Ferrari und Ford ausgelöst wurde. Auf bescheidenerem Niveau, da man mit den beiden Großen mitzuhalten sich nicht mehr in der Lage sah, war Porsche, um nicht weiter zurückzufallen, gezwungen, den technischen Quantensprüngen mit den für das Haus typischen, eher evolutionären Neuerungen zu folgen. Durch seine geringe Zahl an Werkseinsätzen und seine Ähnlichkeit mit dem Vorgänger 906 doppelt im Nachteil, tut sich der 910 schwer, seinen Platz in der verwickelten und komplizierten Geschichte der Porsche-Prototypen zu finden. Dennoch stellt der 910 ein wichtiges Glied in deren entwicklungsgeschichtlicher Kette dar. Als Fortentwicklung des 906 stammt der 910 recht eigentlich von dem im August 1965 hastig konzipierten Spyder Typ 906/10 ab, mit dem man Ludovico Scarfiottis Dino in der Europäischen Bergmeisterschaft Paroli bieten wollte. Für die Saison 1966 kehrte der 906/10 – mit einem im Vergleich zum 904 wesentlich steiferen Gitterrohrrahmen und Radaufhängungen und Felgen vom Lotus 33 Formel-1-Wagen – infolge einer Reglementänderung als Coupé wieder. Dieser Prototyp unterschied sich bereits beträchtlich vom 906. Die Türen öffneten sich nicht mehr nach oben, sondern nach vorne, die seitlichen Lufteinlässe zeigten sich in abgerundeter Form und die Kotflügel waren anders geformt, um für die 13-Zoll-Felgen Platz zu schaffen. Nachdem dieses auf den Namen 910 getaufte Coupé, das von einem 260 PS starken Achtzylinder-Mittelmotorboxer Typ 771 mit Bosch-Einspritzung befeuert wurde, seinen offiziellen Einstand beim Rennen Trento-Bordone im August 1966 gefeiert hatte, lief es in der Europäischen Bergmeisterschaft.

Der ursprünglich für die Zweiliter-Klasse konzipierte 910 trat schließlich gegen die Prototypen von Ferrari und Ford an und errang 1967 in der Marken-WM viele Siege.

Aufgrund einiger Erfolge vertraute Porsche dem 910 die Aufgabe an, im Jahre 1967 die Chancen des Hauses auf die Langstreckenweltmeisterschaft in der Zweiliterklasse zu wahren. Die Techniker unter Leitung Ferdinand Piëchs profitierten von den Erfahrungen, die man bei den Bergrennen gewonnen hatte und von den Rundstreckenlektionen mit dem 906, und stellten einen verbesserten 906/10 auf die Räder: Fronthaube in „Entenschnabelform", niedrige Radhäuser und allgemein feine und sanfte Linien. Die Plastikkarosserie war direkt mit dem Rohrrahmenchassis verklebt, und das riesige Heckteil, das auch als Motorhaube diente, ließ sich zur Gänze nach hinten hochklappen. Die Besonderheit des 910 bestand darin, dass es sich bei ihm um einen Roadster mit aufsetzbarem Hardtop handelte, wodurch er, je nach dem Willen des Fahrers, als Spyder oder Coupé figurierte. Die Felgen bestanden aus Magnesium statt aus Stahl und waren durch einen Zentralverschluss aus gehärtetem Leichtmetall fixiert. Die ersten 12 Fahrgestelle (910/001 bis 910/012) erhielten den Sechszylinder-Boxer Typ 901-21 aus dem 906 mit indirekter Bosch-Einspritzung, der 220 PS bei 8200 Touren abgab. Die zweite Serie (von 910/013 bis 910/028) besaß teils den Sechszylinder, teils aber auch den eingespritzten Achtzylinder-Boxer mit 270 PS. Auch Nummer 910/019, hier abgebildet, hat den Sechszylinder. Obwohl auf dem Papier die Hauptkonkurrenz des 910 aus den Dino 206 S und den neuen Alfa 33 bestand, war Porsches Jüngster so robust und agil, dass er stattdessen die starken Prototypen von Ford und Ferrari forderte. Schon beim Debüt in Daytona ließ der 910 sein Potenzial aufblitzen. Hans Herrmann und Jo Siffert wurden Vierte, hinter drei Ferrari P4 und P3/4. Zwei Monate später fuhren Mitter/Patrick und Herrmann/Siffert mit einem dritten und vierten Platz erneut ein sehr gutes Ergebnis ein. Nach den Amerika-Rennen kam die Serie nach Europa. Bei den 1000 Kilometern von Monza belegten Mitter und Jochen Rindt den dritten Platz; zwei Wochen darauf, in Spa, wo die Mirage-Ford nicht antraten, errangen Herrmann/Siffert den ersten Gesamtsieg. Als unbestrittener Meister der Berge und fünfmaliger Gewinner der Targa Florio rüstete sich Porsche aufwändig für die bevorstehende Ausgabe des Klassikers. Das Gelände kam Porsche entgegen, und da nicht zuletzt nur wenige Ferrari und Ford am Start standen, gewann der 910 das Rennen zum ersten Mal. Doch nicht nur das, Porsche sicherte sich die ersten drei Plätze und feierte damit einen gewaltigen Triumph. Unter den sechs gestarteten neuen Wagen befand sich auch eines von drei Achtzylinder-Chassis mit innenbelüfteten Scheibenbremsen vorne, das von Paul Hawkins und Rolf Stommelen erfolgreich pilotiert wurde. Am Nürburgring fehlten die hubraumstarken Konkurrenten, weswegen sich Porsche berechtigte Hoffnungen machte. Diese wurden nicht enttäuscht: es lief noch besser als auf Sizilien, Porsche belegte die ersten fünf Plätze. Doch auf dem Podium standen wider Erwarten drei Sechszylinder (unter Schutz/Buzzetta, Neerpasch/Elford und Hawkins/Koch), wohingegen zwei von den Achtzylindern mit Motorschaden ausfielen. Wenige Wochen vor Le Mans hatte Porsche den Zweiliter-Titel bereits

sicher, was im Hause den Ehrgeiz hochpeitschte, im Titelkampf zwischen Ford und Ferrari der lachende Dritte zu sein und die Weltmeisterschaft zu holen. Leider aber waren die 910 (und 907) mit dem Langheck nicht in der Lage, die Ford und Ferrari zu gefährden. Als beste Porschefahrer kamen Siffert/Herrmann mit dem 907 an der Sarthe auf Rang fünf, vor Neerpasch/Stommelen in einem 910. Noch glomm ein Fünkchen Hoffnung, dass man Ferrari den Titel im letzten Saisonrennen in Brands Hatch entreißen könne. Vier 910 und ein 907 traten an, besetzt von einer talentierten Pilotenschar, die Asse wie Graham Hill, Bruce McLaren, Lucien Bianchi und Jochen Rindt umfasste. Ein Chaparral lag vorne und Ferrari sicherte sich auf der englischen Strecke den Titel, dank dem zweiten Platz von Chris Amon/Jackie Stewart. Als Zweiter in der Weltmeisterschaft (und mit höherer Gesamtpunktzahl auch als moralischer Sieger) hatte sich Porsche ausgezeichnet verkauft. Nachdem das Werk dann den 910 zugunsten des 907 aufgab, lief Ersterer noch recht erfolgreich in den Händen privater Teams weiter. Nummer 910/019 wurde, gemäß den Eintragungen im ONS-Technikpass, Anfang 1968 von Jürgen Neuhaus eingesetzt, dann am 25. Juli 1968 an George Loos verkauft. In den Händen weiterer deutscher Privatfahrer war 910/019 bis ins Jahr 1977 hinein noch ein langes Leben bei kleineren Rennen beschieden.

Aus dem 906 entwickelt, besaßen die ersten
12 Chassis des 910 dessen Sechszylinder-Boxer
mit Einspritzung, Typ 901-21, hier 220 PS stark.

Mustergültige Langlebigkeit

Im Rahmen der langjährigen rennsportlichen Bemühungen des Hauses Porsche erreichte die Marke schließlich die selbst gesteckten Ziele. 1969 gewannen die Stuttgarter die Internationale Markenweltmeisterschaft in den Kategorien Prototypen bis drei Liter, Prototypen bis fünf Liter und Gran Turismo ohne Hubraumbeschränkung. Dagegen war es Porsche trotz günstiger Ausgangslage nicht gelungen, in Le Mans zu gewinnen. In einem Wort ließe sich sagen, dass man dort aus taktischen und technischen Gründen eine Niederlage erlitt. Dennoch war 1969 für Porsche ein herausragendes Jahr, nicht aus Glück, sondern dank der geleisteten harten Arbeit und einer Fahrerriege, die zu Außergewöhnlichem imstande war. Man war Pionier bei der Verwendung und Verarbeitung neuer Werkstoffe. Diese sehr kostspielige Technik konnte man sich leisten, da ein finanzkräftiger Teilhaber sie finanzierte. Auf dem Gebiet des Leichtbaus machte man die größten Fortschritte; die

Verwendung von Titan und Magnesium war nicht neu, doch verwendete man in gewissem Umfang auch seltene Metalle wie Beryllium, das auch für Flugzeug-Scheibenbremsen und generell Komponenten, die einer hohen Belastung ausgesetzt sind, Verwendung findet. Um den 917, dessen Entwicklung im Juni 1968 begann, und den Aufstieg Porsches in ungeahnte Höhen zu verstehen, muss man in das Jahr 1967 zurückgehen, als die Entscheidung für ein neues Modell fiel. Die FIA hatte für Prototypen eine Hubraumgrenze von drei Litern eingeführt; ein knappes Jahr darauf, bei den Testfahrten für Le Mans, trat Porsches neue Waffe auf den Plan, ausgerüstet mit einem von Hans Mezger konstruierten Dreiliter-Achtzylinder. Dieser 908 besaß einen Gitterrohrrahmen und eine Kunststoffkarosserie. Die Radaufhängung erfolgte vorne und hinten über Querlenker und Längsstreben, hinten als Schubstreben ausgeführt, Schraubenfedern und doppelt wirkende Teleskopstoßdämpfer so-

Die erste Version des 908, hier unter Siffert/Elford unterwegs zum Sieg bei den 1000 Kilometern auf dem Nürburgring 1968 (oben links).

Schauspieler Steve McQueen (oben rechts) teilte sich bei den 12 Stunden von Sebring 1970 das Steuer mit Peter Revson und kam auf den zweiten Platz.

Mit dem 908/02 Spyder, der den bei den Sportwagen laufenden 917 zur

Seite stand, mischte Porsche wieder bei den Großen mit. Unser Exemplar,

Chassis Nummer 008, trat für das Werk bei den 6 Stunden von Brands Hatch

1969 an und ging später in die Hände von Alain de Cadenet über.

wie progressiv wirkende Stabilisatoren. Gebremst wurde mittels Zweikreisbremse, berylliumbeschichteten Scheiben und verstellbarem Bremskraftverteiler. Der luftgekühlte Achtzylinderboxer (Bohrung x Hub: 85 x 66 mm) leistete aus drei Litern 310 PS. Trotz zweier Siege auf dem Nürburgring und beim Großen Preis von Österreich erlebte das 908 Coupé eine reichlich durchwachsene Saison 1968. Nach dem Ende dieser Saison bot die FIA Porsche die Möglichkeit, aus dem Coupé einen Spyder zu machen: Mindestgewicht, Gepäckraum und Reserverad waren nun nicht mehr vorgeschrieben. Sein Debüt erlebte dieses Modell bei den 12 Stunden von Sebring am 22. März 1969, wo indes Probleme mit dem Chassis die Premiere nicht allzu glänzend ausfallen ließen. Um diese zu kurieren, machte sich Porsche umgehend an die Arbeit. Die modifizierten Spyder errangen einen Dreifachsieg bei den 500 Meilen von Brands Hatch, einen Doppelsieg in Monza und einen Vierfachsieg bei der Targa Florio. Doch auch diese Erfolge ließen die Porsche-Ingenieure sich nicht auf ihren Lorbeeren ausruhen. Die nächste neue Version hörte, wegen ihrer flachen Form, auf den Spitznamen „Flunder" und debütierte am 1. Juni beim 1000-Kilometer-Rennen des ADAC auf dem Nürburgring. Dort starteten drei 908/02 mit aerodynamisch günstigerer Karosserie – dem neuen Reglement entsprechend geformt und mit einem praktisch voll verkleideten Innenraum –, hatten aber einen

schwierigen Beginn. Zwei Wagen wurden in den Freitags- und Samstagstrainings demoliert, als sie sich an einer Kuppe in die Luft schwangen. Die neuen, hastig realisierten Hüllen, die man in letzter Minute noch mit zwei fest montierten Aerodynamikhilfen anstelle verstellbarer Flügel ausgerüstet hatte, brachten zwar Vorteile in der Geschwindigkeit, jedoch Nachteile in punkto Stabilität. Herrmann/Stommelen behielten bei der Verlosung der Fahrerplätze, die Rico Steinemann veranstaltete, die Oberhand und wurden dazu bestimmt, den übrig gebliebenen 908/02 zu pilotieren; sie brachten ihn am Ende auf den zweiten Platz. Doch von nun an stand der 908/02 nicht mehr im Mittelpunkt der Aufmerksamkeit im Hause Porsche, denn Ferdinand Piëch werkelte schon am Porsche 917. Anders als sonst verteilte Porsche die Aufgaben neu und vertraute die Wagen halboffiziellen Rennteams an, doch die dahinter stehende Absicht blieb dieselbe wie stets. Das Hauptaugenmerk legte man jetzt auf die internationale

Als radikale Entwicklung aus dem 908 Coupé wurde der 908/02 Spyder durch

den 908/03 ersetzt, der bei der Targa Florio und auf dem Nürburging antrat.

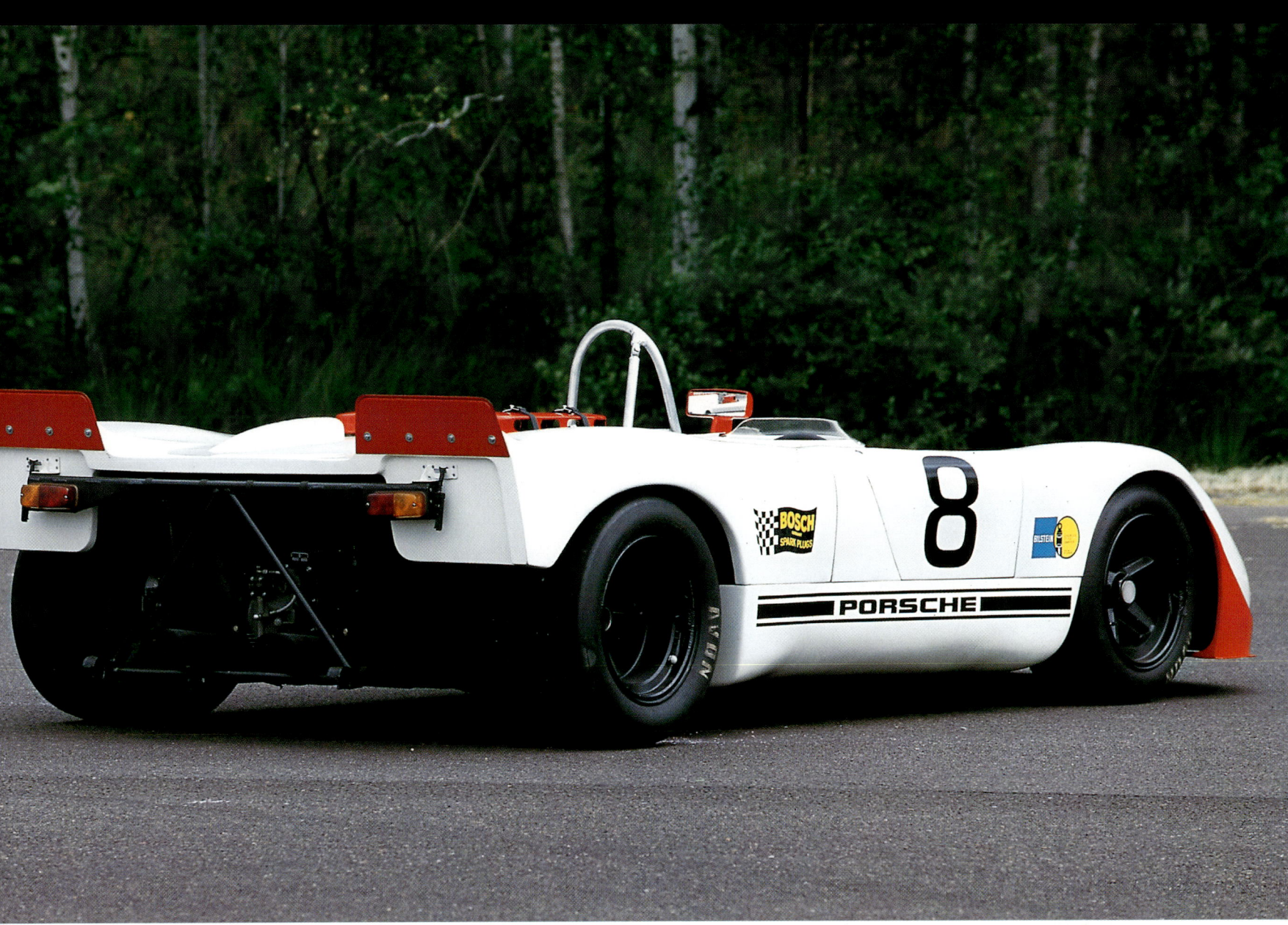

Markenmeisterschaft und auf die klassischen Sportwagen- und Prototypenrennen. Hintergrund für die Entscheidung, das sportliche Geschehen in die Hände externer Teams zu legen, war die Absicht, die Kosten für Piëchs Projekt 917 in erträglichen Grenzen zu halten. Tatsächlich waren die Ausgaben für die Saison 1970 geringer als für das Jahr zuvor, denn zwei außenstehende Teams, John Wyer Automotive Ltd. und Porsche-Salzburg hielten in jener Saison die Farben des Werkes hoch. Nach dem Verkauf der 908 an Privatiers im Laufe des Jahres 1969 setzte Porsche zwar in erster Linie auf den 917, hielt aber dennoch am 908 fest und brachte von diesem eine neue Version, den 908/03 Spyder. Unser Fotomodell, der 908/02 Spyder, Chassis Nummer 008, setzte seine sportliche Laufbahn vorerst fort. Bei den 24 Stunden von Daytona 1970 tauchte das Auto unter der Schirmherrschaft von Juan Manuel Fangio auf, am Steuer Alain de Cadenet und der Argentinier Del Rio. Schon vor dem Start setzte de Cadenet das Auto in eine Begrenzungsmauer und konnte deshalb das Rennen nicht antreten. Erst bei den 1000 Kilometern von Brands Hatch konnte Nummer 008 für den britischen Rennstall Evergen unter de Cadenet/Del Rio starten. Bevor er in Rente ging, konnte 008 noch an fünf Rennen teilnehmen, die ausschließlich für Sportprototypen und Rennzweisitzer reserviert waren – gefahren

wurde das Auto jetzt von der jungen österreichischen Hoffnung Niki Lauda. Insgesamt bestritt der nachmalige dreifache Formel-1-Champion neun Rennen mit diesem Auto und gewann in Diepholz und den Marathon Grand National auf dem Österreichring am 25. Oktober 1970. 1971 trat 008 wegen Änderungen im Reglement bei keinem Rennen an, erst 1972 fand der Wagen auf die Piste zurück. Für das Team Hans Dieter Weigel startete die Nummer 008 in Le Mans, doch Krauss/Weigel fielen in der 19. Stunde infolge eines Ausrittes aus. 1973 vertrat bereits der 911 das Haus im Rennsport, während 008 unter den Ecuadorianern Ortega/Merello zum letzten Gefecht antrat. Nach einem klugen Rennen sprang dabei ein siebter Gesamtrang an der Sarthe heraus.

Der 908 beendete das Kapitel Sport-Prototypen für Porsche – bis zum Erscheinen des 936, der die schwere Aufgabe übernahm, die Erfolge seiner Vorgänger zu wiederholen.

908-008 verbrachte die Saison 1970 in den Händen Niki Laudas und beendete seine Laufbahn nach den 24 Stunden von Le Mans im Jahre 1973, wo er in den Farben Guillermo Ortegas antrat und den siebten Platz in der Kilometerwertung belegte.

PORSCHE 911 2,2 E – 2,4 S TARGA

Ein Mythos entsteht

Ende der fünfziger Jahre wurde es Ferry Porsche und den Seinen klar, dass der mittlerweile 10 Jahre alte 356 trotz aller Verbesserungen eines von Grund auf neuen Nachfolgers bedurfte. Es herrschte Einigkeit darüber, dass der Neue stärker, bequemer und geräumiger ausfallen müsse. Der Zweiliter-Vierzylinder aus dem 356 Carrera bot zwar für seine Zeit hervorragende Fahrleistungen, doch für die neue Maschine hatte Ferry Porsche nicht nur eine dem Carrera ähnliche Leistungsausbeute, sondern auch die Laufruhe und Robustheit gefordert, welche den „Dame"-Motor im 356 ausgezeichnet hatte. Unter der Leitung Ferdinand Piëchs und des jungen Ingenieurs Hans Mezger machte sich Porsche daran, einen Motor zu entwickeln, der diese Forderungen erfüllte und zugleich eine gute Basis für den Motorsport abgab.

Im Herbst 1963 war das neue Auto vorstellungsreif. Der 901 (bald darauf in 911 umgetauft, da sich Peugeot dreistellige Ziffern mit einer mittigen Null geschützt hatte) stellte einen Meilenstein im Sportwagenbau dar. Der Neuling war zwar gemäß gängigen Porsche-Normen konstruiert und behielt den Heckmotor, wurde aber von dem neuen, zwei Liter großen Sechszylinder-Boxer angetrieben. Luftgekühlt und mit sechs Vergasern bestückt, leistete der Typ 821 130 PS bei 6100 Umdrehungen und gab ein Drehmoment von 17,8 mkg bei 4200 Touren ab. Hervorstechendes Konstruktionsmerkmal war die Verwendung einer Trockensumpf- anstelle der herkömmlichen Druckumlaufschmierung.

Die von Ferdinand Alexander Porsche im Alleingang entworfene Karosserie hielt sich an das Lastenheft und ruhte auf einem Radstand von 2211 mm. Der Innenraum bot wesentlich mehr Platz, die Fensterfläche war um 40 % größer als beim Vorgänger. Beim Fahrwerk hatte sich Peter Falk mit seinen Ideen durchgesetzt. Hinten gab es Längslenker mit zweiteiligen Antriebswellen und quer montierten Torsionsstäben.

Der 911 zählt, gemeinsam mit dem 904, zu den schönsten Entwürfen Butzi Porsches. Als Nachfolger des 356 setzte der 911 unter den Sportwagen die Maßstäbe.

Die alte Vorderachse mit doppelten Längslenkern und Torsionsstäben, die viel Gepäckraum gekostet hatte, wich einer modernen McPherson-Konstruktion mit Dreieckslenkern.

Die Premiere des 911 wurde von der Presse mit viel Beifall bedacht, gleichwohl wiesen die Journalisten auch auf Schwachstellen hin, wie etwa den ungenügenden Geradeauslauf, die hohe Seitenwindempfindlichkeit und die ausgeprägte Neigung zum Übersteuern. Alles das hinderte den 911 aber nicht daran, ab 1965 seine sportlichen Qualitäten unter Beweis zu stellen.

Im Bewusstsein des schier unerschöpflichen Potenzials, das der 911 bot, machten sich die Zuffenhausener umgehend daran, den Serien-911 weiter zu entwickeln. Bald traten Ergebnisse zutage. Am 28. Juli 1966 stellte Porsche den 911S (für Super) vor, der mit schärferer Nockenwelle, vergrößerten Ventilen, zwei neuen Weber-Dreifachvergasern und modifizierter Heizung, welche den Staudruck im Auspuff verminderte, für 160 PS bei 6600 Touren gut war. An den Fuchs-Alufelgen erkennbar, handelte es sich beim 911S um das erste Serienauto der Welt mit innenbelüfteten Scheibenbremsen.

Ständige Leistungserhöhungen waren überhaupt das Merkmal der 911-Entwicklung, doch auch karosserieseitig gab es neue Versionen. Denn seit Auslaufen des 356 stand kein Cabriolet mehr im Porsche-Programm. Andererseits konnte es sich die Marke nicht leisten, insbesondere im Hinblick auf den wichtigen US-Markt, diese Nische unbesetzt zu lassen. Und so tüftelten die Techniker, während der 911 anlief, an einer neuen Karosserievariante. Diese wurde unter

großem PR-Getöse auf der IAA im September 1965 vorgestellt und war mit nichts zu vergleichen, was man zuvor gesehen hatte. Auf den Namen Targa getauft, um an die Targa Florio zu erinnern, handelte es sich bei diesem Wagen um das erste Cabriolet mit einem Sicherheitsbügel. Mit geöffneten Scheiben, im Kofferraum verstautem Dachteil und versenktem Heckverdeck bot der Targa die üblichen Freuden des Offenfahrens. Ab Frühjahr 1966 war der Targa käuflich zu erwerben und erfuhr mit dem Modelljahr 1968 seine erste Weiterentwicklung, als das abklappbare Plastikverdeck hinter dem Bügel durch eine starre Glasheckscheibe ersetzt wurde. 1969 brachte drei Luftschlitze auf dem Targabügel aus gebürstetem Aluminium.

1969 war auch das Jahr, in dem der 911 zum ersten Mal technische Änderungen größeren Umfanges erfuhr. Der Radstand wuchs um 5,8 Zentimeter, was die Verteilung der Massen und somit die Straßenlage verbesserte. Außerdem

Keinen Sieg ließ der 911 aus, auch nicht den bei der Rallye

Monte Carlo, die Vic Elford 1968 gewann (oben) und Björn

Waldegaard in den Jahren 1969 und 1970.

85

erhielt der 911 zwei Batterien im Frontkofferraum und eine leicht verbreiterte Spur; ferner hatten nun alle Modelle, mit Ausnahme des T, die Bosch-Einspritzung, was der Leistung zugute kam.

Um den Wagen up to date zu halten, wurde der 911 ständig weiter entwickelt. Mit dem neuen Jahrzehnt wuchs der Hubraum von 1991 auf 2195 cm³. Dadurch war es möglich, die Leistung des 911E auf 155 und diejenige des 911S auf 180 PS zu erhöhen. Auf der Suche nach mehr Leistung und besserer Alltagstauglichkeit war das freilich nur eine Zwischenstation, denn ab Herbst 1971 wuchs der Zylinderinhalt durch eine Hubverlängerung auf 2,4 Liter. Dabei wuchs die Leistung nur unwesentlich, das Drehmoment aber beträchtlich. Noch heute zählen die Elfer aus den frühen siebziger Jahren zu den begehrtesten, bestechen sie doch durch ihre unvergleichliche Zuverlässigkeit, ihre tadellose Straßenlage und den besonders attraktiven, metallischen Klang ihrer Sechszylinder. Sie waren auch, sieht man einmal vom exklusiven Carrera 2,7 RS ab, Höhe- und Endpunkte einer Tradition, denn ab dem kühnen Facelift von 1974 entwickelte sich der 911 in eine andere Richtung.

Zu Beginn der siebziger Jahre stellte der 911 den GT-Wagen schlechthin dar. Porsche blieb am Ball und steigerte beständig Hubraum und Leistung: der luftgekühlte Sechszylinder-Boxer wuchs von 2 über 2,2 auf 2,4 Liter und leistete bis zu 190 PS.

Seit seinem Debüt präsentierte sich die Geschichte des 917 reich an Anekdoten. Hier sehen wir ihn am Nürburgring 1969, als Ausstellungsstück auf dem Pariser Salon 1970 in Gestalt des 917 K mit der Nummer 23, der Porsche unter Herrmann/Attwood den ersten Gesamtsieg in Le Mans bescherte, und als 917 Langheck (Nummer 3). Der Langheck-917, der für das Team Hans Dieter Dechent 1970 in Le Mans antrat, zeigte sich grün und violett lackiert, zur ewigen Überraschung des Mitbesitzers Graf Gregorio Rossi. Dieses „psychedelisch" aussehende Auto beendete das Rennen unter Larrousse/Kauhsen auf dem zehnten Platz.

PORSCHE 917 K

Piëchs Meisterstück

Der 917 war die Frucht von zwanzig Jahre währenden Entbehrungen, Anstrengungen und mühseligen Plagen und lässt sich ohne Weiteres als das Auto definieren, mit dem Porsche endgültig Geschichte machte und Weltruhm erlangte. Bislang war es immer so gewesen, dass Porsche gegen hubraum- und leistungsmäßig überlegene Wagen ankämpfen musste; nun beschloss man, den Spieß umzudrehen. Doch um welchen Preis unternahm man dies? Fast schien es so, als sollten die Kosten des Projektes 917 die Zukunft der Firma ernsthaft gefährden. Wenn man den offiziellen Unterlagen glauben darf, kostete das Unternehmen 917 die Firma nicht weniger als 15 Millionen Mark, eine sehr beträchtliche Summe. Ferdinand Piëch, der hinter dem Projekt stand, wurde 1971 seiner Funktionen enthoben.

Alles begann Ende 1967, als die CSI beschloss, ihr Regelwerk großzügiger zu gestalten. Es gab schon die Protoypenklasse bis drei Liter Hubraum. Nun schuf man die sogenannte Sportwagenklasse mit einem Hubraumlimit von fünf Litern, von denen allerdings in 12 aufeinander folgenden Monaten mindestens 50 Stück hergestellt werden mussten. Ein tobender Enzo Ferrari gab daraufhin seinen Rückzug aus dem Langstreckensport bekannt. 1968 änderte die CSI das Reglement dahingehend, dass nun 25 Exemplare für die Homologation genügten. In ihrer Naivität glaubten die CSI-Kommissare, damit die

Komplexität der Sportwagen reduzieren und deren Leistungsniveau auf das der Dreiliter absenken zu können. Dadurch wurde Porsche, wo man seit einigen Monaten am 908 arbeitete, auf dem falschen Fuß erwischt, eine trübe Stimmung machte sich breit. Ferdinand Piëch, damals Technischer Direktor, fasste die durch die CSI geschaffene neue Lage so zusammen: „Wenn wir das gewusst hätten, hätten wir einen Fünfliter gebaut." Wenige Monate später wurden Piëchs Wünsche wahr. Die Arbeiten am 917 verliefen derart abgeschirmt, dass die Vorstellung auf dem Genfer Salon 1969 eine Riesensensation darstellte. Die wahre Feierstunde fand drei Wochen später statt, als 25 Stück des 917 Coupé mit 4,5 Liter großem Zwölfzylinder im Firmenhof fein säuberlich aufgereiht prangten.

Da die Entwicklung des 917 rasch vonstatten gehen musste, hielt er sich an bewährte Konstruktionsmerkmale. Das Chassis bestand aus einem Gitterrohrrahmen und der Motor war luftgekühlt, obwohl dadurch gravierende Nachteile zu gewärtigen waren: hohes Gewicht und die Unmöglichkeit, den Motor als Vierventiler auszulegen. Auch wäre es ein Vertrauensbruch gewesen, die Kundenautos mit anderer Technik auszustatten. Als einziger Hersteller unterzog sich Porsche der kostenintensiven Mühe, 25 dieser hochentwickelten Rennwagen herzustellen; um sie möglichst schnell zu machen, entschied man sich für einen Hubraum von 4,5 Litern. Der neue Motor, Typ 912, teilte sich eine größtmögliche Zahl von Komponenten mit dem Drei-

12 Stunden von Sebring 1971. Larrousse und Elford bescheren dem Martini Racing Team und den Dechent-Leuten ihren ersten Sieg bei einem Rennen zur Markenweltmeisterschaft. Der zweite große Erfolg für das Team ereignete sich einige Monate später mit einem 917 K unter Marko/van Lennep bei den 24 Stunden von Le Mans 1971.

liter des 908. Er bestand aus zwei horizontalen Zylinderreihen mit insgesamt vier obenliegenden Nockenwellen und einer mechanischen Bosch-Einspritzung. Um möglichst nah an das vorgeschriebene Mindestgewicht von 800 Kilogramm zu kommen, wurden reichlich Leichtbaumaterialien verwendet: Zylinderkopf aus Alu, Ölwanne aus Magnesium, Zylinderbuchsen aus hartverchromtem Aluminium, Titanpleuel und Kühlgebläse mit Kunststoffflügeln. Bei den ersten Testfahrten leistete der Motor 542 PS, eine Leistung, die bald auf 560 PS bei 8300/min gesteigert werden konnte; das Drehmoment belief sich auf beeindruckende 50 mkg bei 6800 Touren.

Beim ersten öffentlichen Auftritt im Rahmen des Vortrainings zu den 24 Stunden von Le Mans 1969 stellte der 917 zwar einen neuen Rekord auf, zeigte aber auch Probleme im Geradeauslauf und beim Beschleunigen. Offen gesagt: der 917 war „unfahrbar". Also konzentrierte sich Porsche ganz auf den 908, der den Titel einfahren sollte, und stellte die Feinarbeit am 917 zurück. In Le Mans erwiesen sich die kleineren Verbesserungen – breitere Reifen, überarbeitete Vorderachse, um das Eintauchen beim Bremsen zu vermindern – als nutzlos, da der 917 Langheck von Elford/Attwood die Sensation nicht schaffte und wegen Kupplungsproblemen ausfiel. Erst beim 1000-km-Rennen auf dem Österreichring in Zeltweg konnte sich der 917 unter Siffert und Ahrens in Szene setzen.

Mit dem Titel in der Tasche konnte sich Porsche nun ganz der weiteren Entwicklung des 917 widmen. Die Tests fanden unter Leitung John Wyers statt, der mit Ferry Porsche eine Übereinkunft des Inhalts getroffen hatte, dass die Werks-917 ab 1970 unter Wyers Fahnen fahren sollten. In seinen Memoiren schildert Wyer einen erhellenden Moment im Gespräch mit Ferry Porsche: „...Porsche fragte mich: Wie viele Autos, glauben Sie, haben wir gebaut? Ich sagte, dass es meiner Meinung nach etwa 35 Stück sein müssten. Nach einem langen Schweigen sagte Porsche: Wir haben 52 Stück gebaut." Und Wyer fährt fort: „Langsam begriff ich, weshalb ich dort war." Nämlich, weil Porsche knapp bei Kasse war.

In Abwesenheit von Piëch und Wyer, der in der Badewanne ausgerutscht war und sich an der Schulter verletzt hatte, nahm dessen Adlatus John Horsman radikale Änderungen an der Karosserie vor. Das brachte fünf Sekunden pro Runde. Der Zeitgewinn war teilweise auch auf die Firestone-Reifen zurück-

Der 917 K, Chassis Nummer 036,

diente in der Saison 1971 dem John Wyer/Gulf-Team als Ersatzwagen und wurde nie eingesetzt. Nach einer mustergültigen Restaurierung zeigt er sich heute in den Martini-Farben lackiert und figuriert als einer der schönsten 917.

zuführen, in erster Linie aber auf Horsmans Initiative, der das gesamte Heckteil entfernt und an dessen Stelle ein kantiges, sehr viel kürzer gehaltenes Gebilde aus miteinander verschraubten Teilen gesetzt hatte.

Die Vergabe der Rennaktivitäten an das Team Wyer-Gulf diente dem Zweck, die Kosten des gesamten Unternehmens zu senken, doch John Wyer war sich wohl bewusst, dass Piëch diese Entscheidung seines Onkels keineswegs billigte. Schon zu Beginn der Saison 1970, als Wyer vertragsgemäß als einziger über offizielle 917 verfügte, bemühte sich Piëch, seine Mutter, die Alleinvertreiberin der Marke Porsche in Österreich war, zur Gründung eines eigenen Rennstalls zu bewegen. Der sogenannte „private" 917, den das Team der Porsche Konstruktionen KG Salzburg an den Start brachte, schien, von außen betrachtet, alle Bedingungen zu erfüllen, um als echter Werkswagen zu firmieren. Während die Gulf-Wagen in England präpariert wurden, erfuhr der Salzburg-917 seine Wartung im Werk selbst und schien alle Verbesserungen zur gleichen Zeit wie seine Gegenstücke, wenn nicht gar früher zu erhalten! Obwohl diese Praxis Wyer nicht unerheblich irritierte, zeitigte sie Erfolge, denn als die Gulf-917 in Le Mans ausfielen, wurde die Markenehre zweimal durch die österreichischen Wagen gerettet.

Piëchs Team spielte also bei den 24 Stunden von Le Mans die erste Geige. Der 917 mit der Chassis Nummer 023 zählt zu den hervorragendsten Vertretern dieser Reihe. Zu Beginn der Testfahrten war dieser orangefarbene 917 K (für Kurzheck) unter Hans Herrmann und Richard Attwood der langsamste unter den 917. Die Spitzen-917 hatten den neuen, in Monza präsentierten 4,9-Liter-Motor mit 600 PS bei 8400/min und 56 mkg bei 6500 Touren erhalten, doch 023 behielt den alten Viereinhalbliter. Porsche gewann dann zum ersten Mal in Le Mans, doch trotz des Sieges stellten sich leichte Frustrationen ein. Der Start hatte die etablierte Rangfolge über den Haufen

geworfen, er war schlecht getimt gewesen. Das Hundewetter drückte auf die Stimmung und führte zu zahlreichen Unfällen, die viele Favoriten aus dem Rennen warfen. In der zweiten Hälfte wurde das Rennen langweilig, Positionswechsel gab es nur noch durch Boxenstopps oder Unfälle. Die vorne liegenden Wagen kamen allesamt aus Stuttgart, und Herr Porsche hatte angeordnet: nicht überholen!

Zum Ende des Jahres verlängerte das Team Wyer Automotive seinen Vertrag mit den Zuffenhausenern für die kommende Saison, während Porsche Salzburg seine Autos an das Martini-Team von Hans Dieter Dechent verkaufte, dessen Piloten Marko/van Lennep in einem weißen 917 K einmal mehr den Sieg herausfuhren. 1971 wuchs der Hubraum des 917, um mit dem Ferrari 512 mithalten zu können, auf fünf Liter; erreicht wurde dies durch eine Erhöhung der Bohrung von 86 auf 86,5 mm. Dieser Motor leistete 630 PS bei 8400 Umdrehungen. Die Geschichte des 917, zweifellos einer der sagenumwobensten und schönsten Wagen der Renngeschichte, endete noch 1971, denn die CSI hatte wiederum einen panikhaften Kurswechsel vollzogen und 1969 kurzfristig beschlossen, dass ab 1972 der Maximalhubraum bei drei Litern zu liegen habe. Porsche hatte also wegen des Zickzackkurses der Regelwärter nur zwei Jahre, um die hohen Kosten für den 917 wieder einfahren zu können. In diesen zwei Jahren wurde aber sehr viel erreicht, vor allem dank den Anstrengungen des Teams von John Wyer, das 12 Siege und zwei Markenweltmeisterschaften in Folge errang. Doch auch die zahlreichen Privatteams konnten schöne Erfolge verbuchen. Als eine Teilnahme an der Weltmeisterschaft nicht mehr möglich war, wurde der 917 aber keineswegs ausgemustert, sondern lief von da an in Gestalt des 917/30 Spyder in der amerikanischen CanAm-Serie, wo er erneut seine Überlegenheit unter Beweis stellte.

Die Rückkehr des Carrera

Die oft beschworene Fähigkeit des Hauses Porsche, rasch zu reagieren, lässt sich am Carrera mustergültig belegen. Die für die Saison 1972 von der CSI beschlossene Hubraumobergrenze von drei Litern für Prototypen bedeutete für den 917 das Aus in der Markenweltmeisterschaft. Des Fünfliters beraubt, unternahm es Porsche, mit dem 911 in der neuen Gran-Turismo-Meisterschaft Lorbeeren zu ernten. Der Elfer hatte sein Potenzial in diesem Segment bereits bei den 1000 Kilometern von Österreich im Juni 1972 aufblitzen lassen. Dort hatte ein 911, mit frisiertem 2,8-Liter-Motor und als Sportwagen homologiert, in den Händen von Björn Waldegaard und Günther Steckkönig, seines Zeichens Entwicklungsingenieur des Hauses Porsche, immerhin den zehnten Platz erreicht. Startsignal für die Stuttgarter, eine Waffe zu entwickeln, die mit der starken Konkurrenz schritthalten, ja sie überflügeln sollte. Denn der 911S in seiner jüngsten Ausführung war in der von Ford und BMW dominierten Gruppe 2 nicht mehr konkurrenzfähig. Bei den Sportwagen drohte der 911S gar gegen die Ferrari Daytona, Chevrolet Corvette und De Tomaso Pantera völlig unterzugehen.

Angesichts des neuen Regelwerks für die Gruppe 4, das jegliche Modifikation an der Karosserie mit Ausnahme verbreiterter Kotflügel untersagte, sah das Lastenheft für diesen neuen 911, von dem mindestens 500 Exemplare hergestellt werden mussten, so aus: Seriennähe, mit den für den Rennsport nötigen aerodynamischen und technischen Änderungen. Im Juni 1972 verließ der erste 911 2,7 Carrera RS die Werkshallen. Porsche belebte hier also die Traditionsbezeichnung Carrera wieder, die von jeher den sportlichsten Modellen des Hauses vorbehalten gewesen war und an die Carrera Panamericana erinnern sollte, an der die Stuttgarter zu Beginn der fünfziger Jahre so erfolgreich teilgenommen hatten.

Zum Zeitpunkt der offiziellen Vorstellung des Wagens beim Pariser Salon im Oktober 1972 war sich Porsche des sportlichen Erfolges seiner neuen Waffe sicher, doch der kommerzielle Erfolg des Carrera war nicht vorhersehbar gewesen. Der RS präsentierte sich von der ganzen Auslegung her als harter, kompromissloser Sportwagen, der, so dachte man, sich nur schwer an die traditionelle Porsche-Kundschaft ver-

Heiß begehrt in Sammlerkreisen ist der 911 2,7 Carrera RS mit seinem Heckbürzel und den Carrera-Schriftzügen an den Flanken.

1973 triumphierte Porsche bei der Targa Florio, die zum letzten Mal zur WM zählen sollte. Nicht nur gewannen Müller/van Lennep auf einem 911 RSR Prototyp, Kinnunen/Haldi und Steckkönig/Pucci (links) belegten darüberhinaus die Ränge 3 und 6.

Der 911 2,7 Carrera RS zeigt den Stand der Entwicklung bei Porsche zu Beginn der siebziger Jahre. Eine Spitze von über 240 km/h, 210 PS, ein singender Boxermotor und eine außerordentlich gute Straßenlage zeichnen ihn aus.

kaufen ließe. Daher plante Porsche drei Versionen: den Werksrennwagen RSR, den Sportwagen Typ M472 und das Touringmodell Typ M471 mit bequemerer Ausstattung, ähnlich dem 2,4S.

Sobald der Salon öffnete, war der RS (was übrigens für Rennsport stand) der Star auf dem Stand. Verdutzt bestaunte das Publikum sowohl den Heckspoiler, den berühmten Entenbürzel, der kein Stylinggag, sondern technische Notwendigkeit war, als auch das Prospektblatt, das den 2,7 RS als Sportinstrument von voller Alltagstauglichkeit anpries. Die Legende nahm ihren Anfang.

Schon auf dem Salon war die erste Serie völlig ausverkauft. Von der hohen Nachfrage überrascht, sah sich Porsche im November 1972 genötigt, eine zweite Serie von weiteren 500 Exemplaren aufzulegen. Dreißig Jahre später fragt sich der Betrachter immer noch, was die Gründe für diesen überragenden Verkaufserfolg waren, in dessen Folge Porsche 1590 Exemplare in 12 Monaten fertigte, davon 49 RSR mit 2,8-Liter-Motor. Letztlich liegt dieser Erfolg im Auto selbst begründet, das mit einer seltenen Ausgewogenheit der Eigenschaften und einer überraschenden Vielseitigkeit aufwarten konnte.

Die Suche nach Mehrleistung begann naturgemäß beim Motor. Als Ausgangsbasis diente der 2,4-Liter-Sechszylinder, der von 84 auf 90 mm aufgebohrt wurde, was 2687 cm³ und 210 PS bei 6300/min ergab. In großen Teilen entsprach die Maschine derjenigen des 911S, doch hatte man sich für die im 917 bewährten Nikasil-Zylinder entschieden. Obwohl diese Maßnahmen auch das Drehmoment von 22 auf 26 mkg steigerten, ist es doch interessant zu bemerken, dass die spezifische Leistung des RS mit seiner unveränderten Verdichtung von 8,5 zu 1 niedriger lag als beim 911S. Alle diese Maßnahmen ergaben einen elastischen und schon bei niedrigen Drehzahlen kräftigen Einspritzmotor, der sogar mit Normalbenzin zufrieden war. Das Getriebe, Typ 915/08, verfügte über fünf Gänge und war mit einer über die Kurbelwelle angetriebenen eigenen Ölpumpe versehen, die den Getriebeschmierstoff durch einen gesonderten Ölkühler förderte. Auch die Gestaltung der Karosserie verdient Beachtung. Das Hauptaugenmerk galt dem Gewicht, der Aerodynamik und den Kotflügeln, die auch extrem breite Reifen aufnehmen können mussten. Der 2,7 RS, der mit einem Homologationsgewicht von 900 Kilo aufwartete, war übrigens auch der erste 911, der hinten breitere Reifen besaß als vorne. Zu Beginn waren die 15-Zoll-Felgen vorne 6 und hinten 7 Zoll breit.

Bis Mitte der siebziger Jahre gingen Ableitungen vom 911 2,7 Carrera RS auch bei

Rallyes an den Start, hier (oben) bei der Tour de France.

Die 2,7-Liter-Maschine des Carrera RS war aus dem 2,4-Liter des 911 entwickelt und wurde später bis auf 3,5 Liter Hubraum und 350 PS gebracht.

Das Fahrwerk wurde dem geplanten Einsatz auf der Rennstrecke gemäß modifiziert. Die Streben, die die Hinterräder führen, bestanden aus Leichtmetall, hinzu kamen 15 mm starke Stabilisatoren, Bilstein-Gasdruckstoßdämpfer und ein Querblech zur Versteifung der Heckpartie.

Unser Exemplar ist ein M471 in Leichtbau-Ausführung. Solcherart ausgerüstete Autos besaßen Stoßstangen aus Polyester mit einer Ausbuchtung für den Ölkühler, eine Glaverbel-Windschutzscheibe von geringerer Dicke, dünnere Karosseriebleche und verzichteten auf Dämmmatten an Motorhaube, Kofferraum und Kofferraumhaube. Innen dokumentiert sich die Jagd auf überflüssige Pfunde durch den Entfall von Zeituhr und Handschuhfach sowie durch einfache Zuziehgriffe an den Türen anstelle von Armlehnen; wo sonst die Rücksitzbank residiert, findet sich lediglich eine Filzlage, die, wie alle Teppiche im Auto, aus extra leichtem Material besteht; ein Quadratmeter davon wiegt ganze 300 Gramm. In diesem Detail findet sich die ganze Seele des 2,7 RS.

Noch heute ist der 2,7 RS mit seinem Bürzel einer der berühmtesten, verklärtesten und meistgesuchten Serien-Elfer. Seine Besonderheiten verdankt er zu einem guten Teil den für die Homologation in die Gruppe 3 nötigen Modifikationen, wo er einer ganzen Generation von Privatfahrern hervorragende Ergebnisse ermöglichte.

Der 911 2,7 Carrera RS, der nur ein Jahr lang hergestellt wurde, zählt ohne Zweifel zu den Elfern, die den meisten Fahrspaß bereiten. Sein Charakter und seine Kompromisslosigkeit machten ihn zu einem der besten GT seiner Zeit. Natürlich hat er auch Fehler, vor allem die Tendenz, bei hohem Tempo zu „wandern", und auf schlechten Straßen ist die Federung doch arg hart. Aber das wird mehr als kompensiert durch den hinreißenden Sound des Motors, die katzenhafte Geschmeidigkeit des Boxers über das gesamte Drehzahlband wund die phänomenalen Bremsen.

Bei den 24 Stunden von Daytona 1973 gewann ein Carrera RS in RSR-Version und tanzte dabei den Prototypen von Matra, Mirage, Ford und Lola auf der Nase herum. Dieser spektakuläre Erfolg des als Prototyp getarnten GT war der Auftakt zu einer einzigartigen Siegesserie.

Flinke Silhouetten

Zu Beginn der siebziger Jahre, als klar wurde, dass im Turbomotor großes Entwicklungspotenzial steckte, wandte sich auch Porsche ohne Zögern dieser Technik zu. Nach ersten Versuchen im 917 CanAm feierte der Turbo-Porsche seine kommerzielle Premiere auf dem Pariser Salon 1974 im passenderweise so genannten Porsche 911 turbo. Damals gab es kaum einen Hersteller, der es auf sich nahm, dieser Technik in der Großserie zu vertrauen. Vorreiter war Chevrolet gewesen; 1962 wurde der Corvair Spyder mit Turbolader präsentiert, der jedoch 1965 schon wieder aus dem Angebot verschwand. BMW reihte sich 1973 mit dem berühmten 2002 turbo in die noch kurze Reihe jener ein, die sich dieser futuristischen Technik bedienten. Allerdings blieb dieses aufreizende Mobil ein Sonderfall im Programm der Münchner.

In Zuffenhausen ging man mit dem Turbo keine Experimente ein. Porsche wollte nicht nur der betuchten Kundschaft ein Auto bieten, das es mit den exklusiven italienischen GT aufnehmen konnte, sondern war auch bestrebt, die Basis für einen Rennwagen zu schaffen, der sich für die neu eingerichtete Markenweltmeisterschaft der Gruppe 5 homologieren ließ. Porsche schlug also mit dem Turbo zwei Fliegen mit einer Klappe.

Tatsächlich schien das neue Reglement mit dem Anhang J, dem gemäß Gruppe-5-Autos direkt von einem Serienauto abgeleitet sein mussten, wie für Porsche maßgeschneidert. Der 911 Turbo diente nicht nur als technologischer Bannerträger, sondern war auch die Waffe des Hauses in der sogenannten Silhouette-Meisterschaft.

Der Einsatz des Werkes war von langer Hand vorbereitet und sorgfältig geplant. Mit dem 911 RSR 3 Liter, dem Siegerauto der Targa Florio 1973, hatte man auch bei den Prototypen der Gruppe 5/6 Erfahrungen sammeln können. Ausgerüstet mit einem 2140 cm³ großen Turbomotor hatte man 1974 in Le Mans und in Watkins Glen jeweils einen zweiten Platz erreicht, und dies trotz der Anwesenheit der Matra-Prototypen aus der Gruppe 6: die Höllenmaschine war geboren. Als wohlgeratenes und hervorragend konstruiertes Auto verfügte der 935 hiermit über starke Vorläufer. Von seiner ersten Saison an dominierte das Auto die Meisterschaft, obwohl die

hektische Entwicklung Porsche zwang, die ursprünglichen Pläne auf den Kopf zu stellen und nur ein Werksauto laufen zu lassen, während die auserwählten Privatkunden warten mussten, bis man eine Kleinserie auf die Räder stellte.

1975 tat die FIA Porsche noch einen Gefallen, als sie die Einführung des Anhangs J um ein Jahr zurückstellte – wegen anstehender Änderungen im Regelwerk, das seinerzeit noch in hohem Maße nationalen Interessen ausgesetzt war; dadurch gewannen die Stuttgarter Zeit, hinter den Kulissen ihren 935 zu entwickeln. Dessen Grundform entspricht zwar

Nach Steve McQueen 1970 ging im Jahre 1979

Schauspielerkollege Paul Newman in Le Mans an den Start.

Zusammen mit Barbour und Stommelen brachte er den

Hawaiian Tropic-Wagen auf den zweiten Platz.

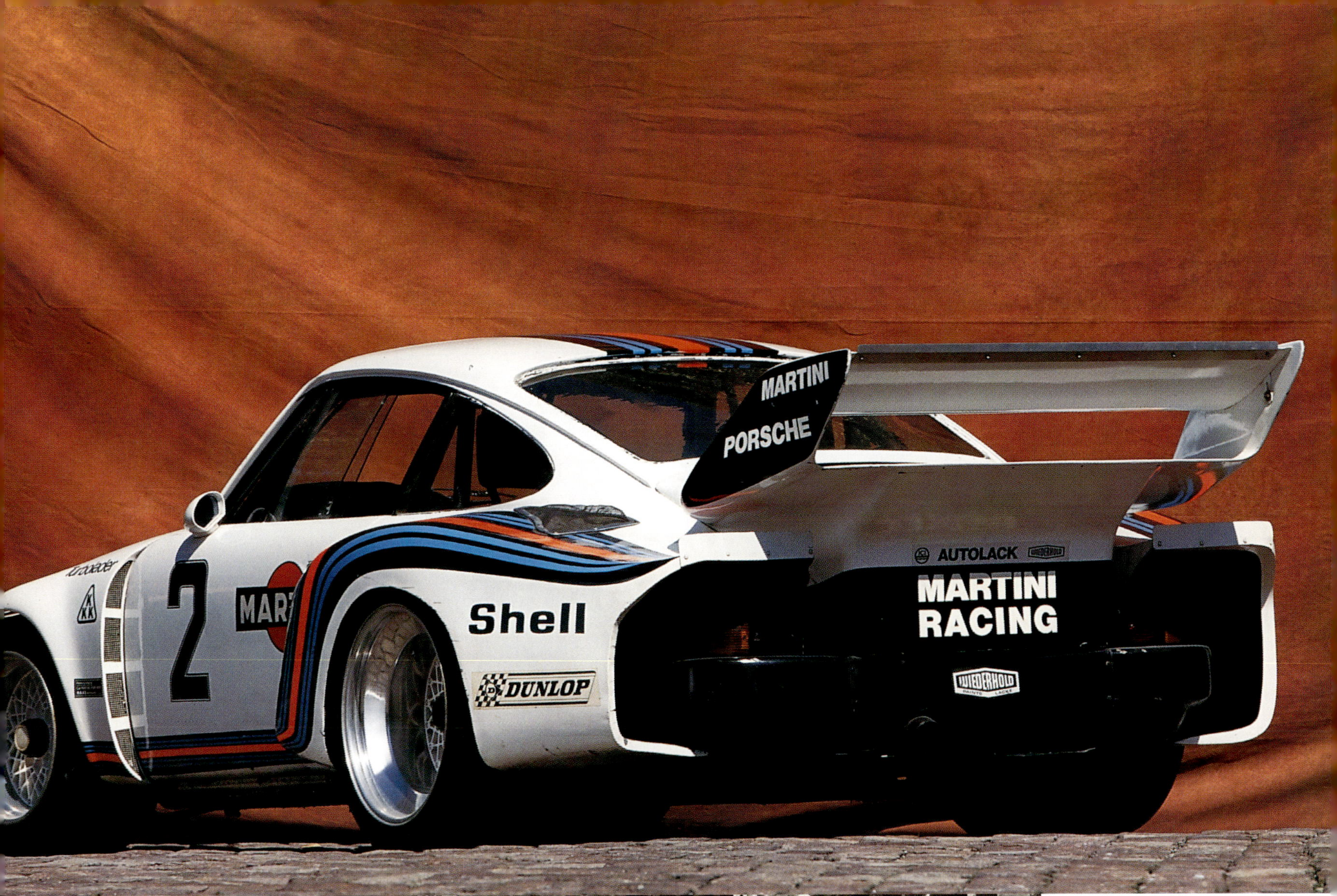
MARTINI
PORSCHE
AUTOLACK
MARTINI
RACING
Shell
DUNLOP
2

Dick Barbour Racing
HAWAIIAN TROPIC
70
BP
garretson enterprises
GOODYEAR
BP BP BP
MARCHAL
Fouquet's PARIS
Dick Barbour RACING
HAWAIIAN TROPIC
HAWAIIAN TROPIC
POLAROID

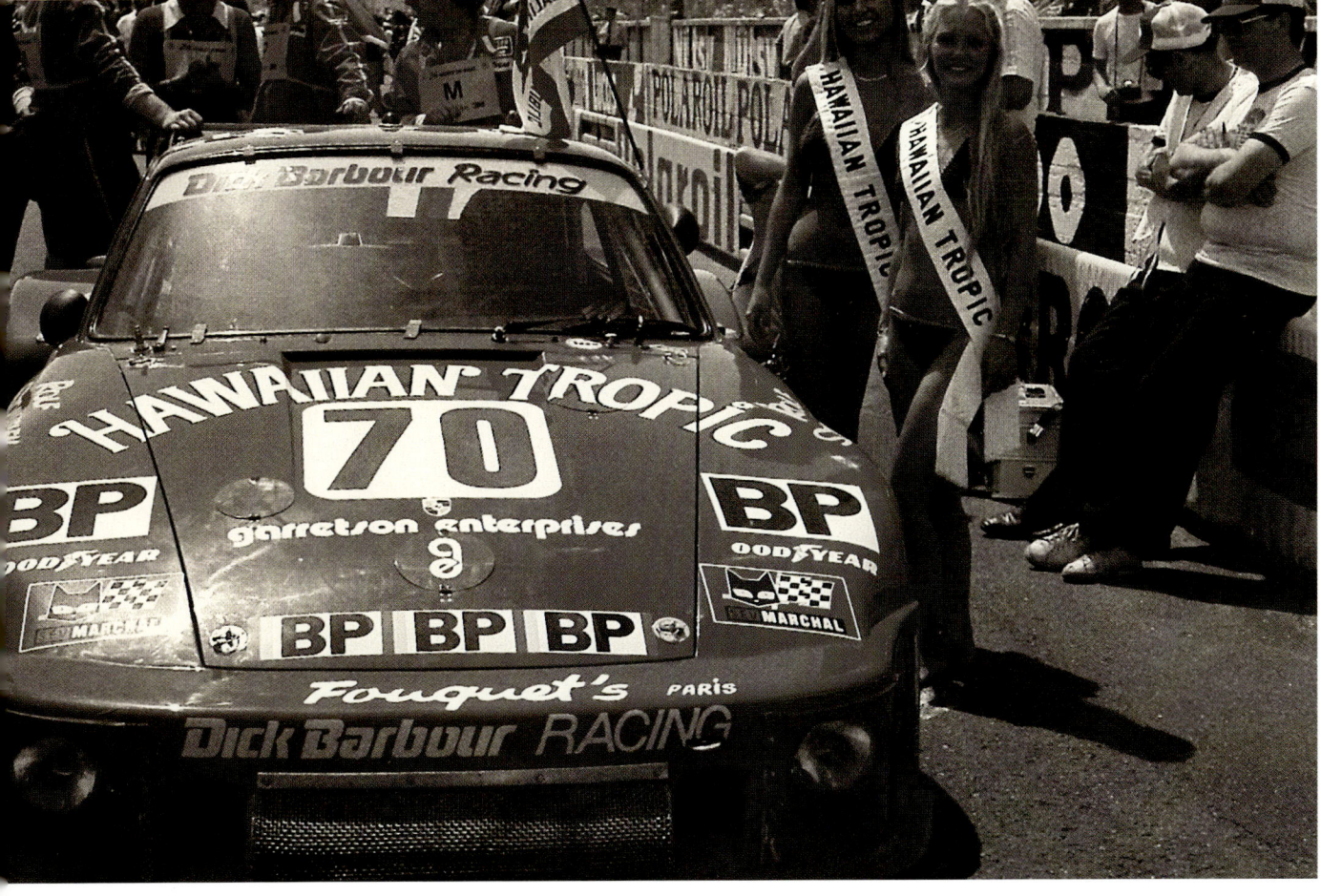

dem 911 turbo, doch die Silhouette des 935 ist doch ganz anders geartet. Das Spektakuläre am 935 ist zweifellos die wilde und bauchige Form, welche die gewaltigen Räder birgt, vorne in der Größe 11 x 16 Zoll, hinten gar in 14,5 x 19 Zoll. Chassis 935–005 aus dem Jahr 1976 zeigt mit seinen imposanten Formen und dem riesigen Heckspoiler die dritte Evolutionsstufe des 935. Die erste Version vom Winter 1975/76 hielt sich noch recht eng an den 911 turbo, der Nachfolger ähnelte bereits 935–005, mit tief herunter gezogener Schnauze und hervorstechendem Heckspoiler.

Um das Mindestgewicht von 970 Kilo zu erreichen, ließ Porsche dem Turbo eine so radikale Abmagerungskur angedeihen, dass das Leergewicht des 935 schließlich bei unter 900 Kilo lag. Hauben, Kotflügel und Türen bestanden aus Plastik, Matten zur Isolation oder Geräuschdämmung gab es nicht. Boden und Karosserie entsprachen grundsätzlich dem 911, zeigten sich aber stark überarbeitet. Am Fahrwerk ersetzten die Techniker die Torsionsstäbe durch Titan-Schraubenfedern, die Vorderradaufhängung erhielt neue Befestigungspunkte. Bei den Bremsen machte Porsche keine halben Sachen: man spendierte dem 935 die Bremsanlage des 917, mit gelochten, innenbelüfteten Scheiben rundum und gerippten Bremssätteln aus gegossenem Leichtmetall mit je vier Kolben.

Dem Silhouette-Reglement entsprechend stammte der Motor aus dem 911 turbo und besaß Kurbelwelle, Ölwanne und Ventile der Serienausführung. Neu hingegen waren Nockenwellen, Ansaugtrakt, Auspuffkrümmer und ein eigens installiertes, horizontales Gebläse. Aus 2857 cm³ (was nach dem Reglementskoeffizienten einem unaufgeladenen Vier-litertriebwerk entsprach) holte der Sechszylinder-Boxer 590 PS bei 7900/min, wobei der Ladedruck 1,35 bis 1,55 bar betrug. Noch beeindruckender das maximale Drehmoment von 60 mkg bei 5400 Touren: auch für diesen Spitzenwert genügte das stabile Vierganggetriebe aus dem Serien-Turbo. Innovativ hingegen, dass das Getriebe ohne Differenzial arbeitete.

Um diese Charakteristika auf der Rennstrecke in Erfolge ummünzen zu können, heuerte Porsche Jacky Ickx und Jochen Mass an, die zwei meisterhafte Siege in Mugello und Vallelunga heraus fuhren. Doch Porsche wurde von den italienischen Rennkommissaren bestraft, da der Heckflügel mit seinem voluminösen Wärmetauscher nicht regelkonform war. Nach sechs Wochen sah sich Porsche also gezwungen, diesen Luft-Wärmetauscher durch einen kompakter bauenden Wasserkühler zu ersetzen. Das bedingte weitreichende Änderungen an der Motorperipherie. Dennoch belegte Porsche in dieser Umstellungsphase zehnte Plätze in Silverstone, am Nürburgring und in Zeltweg. Aber schreckliche Vibrationen, die sich auf den Ventiltrieb sehr nachteilig auswirkten, und Probleme mit dem Gaspedalgestänge machten dem 935 zu schaffen.

Obwohl Le Mans nicht zur Meisterschaft zählte, brachte das Werk den 935 dort an den Start, um einen Sieg heraus zu fahren. Trotz des enorm hohen Verbrauchs – gut 60 Liter auf

Vom ersten 935, der noch sehr stark dem Serien-Turbo ähnelte, über die berühmten K4, die etwa für die Teams Kremer oder Fitzpatrick starteten, bis hin zu den Moby Dick-Versionen, die Schurti/Stommelen bei den 24 Stunden von Le Mans 1978 als Fahrzeug dienten, beherrschte Porsche ein Jahrzehnt lang die Silhouette-Klasse.

100 Kilometer –, eines Laderschadens und einer Reifenpanne belegten Stommelen/Schurti auf ihrem 935 einen respektablen vierten Platz. Nach diesem Zwischenspiel widmeten sich die Stuttgarter wieder der Silhouette-Serie. Nach den Anfangserfolgen als klarer Favorit gehandelt, fand sich Porsche nun Kopf an Kopf mit BMW wieder. Zwei Rennen vor Ende der Saison musste Porsche reagieren und brachte in Watkins Glen und Dijon je zwei Autos an den Start. Das zahlte sich aus, denn Stommelen/Schurti ließen die vormaligen Enttäuschungen, die Ickx/Mass der Marke bereitet hatten, vergessen und gewannen das Rennen in Amerika. In Dijon siegten dann wieder Ickx/Mass trotz eines Bremsdefektes, der einen zusätzlichen Boxenstopp erforderlich machte.

Dieser erste Sieg in der Markenweltmeisterschaft belegte die Dominanz des 935, der zum erfolgreichsten Protagonisten in der Ära der seriennahen Rennwagen wurde. Bis 1981 heimste der stetig weiter entwickelte 935 Erfolg um Erfolg

ein und bewährte sich auch in den Händen von Privatfahrern.

Die absolute Krönung war der Le-Mans-Sieg von Ludwig/Whittington/Whittington für das Kremer-Team auf dem 935 K3 im Jahre 1979. Im selben Jahr eroberten die 935 alle drei Podiumsplätze, wobei, ungewöhnlich genug, der Schauspieler Paul Newman zusammen mit Stommelen und Barbour den zweiten Rang belegte. Und noch 1982 kam der Fitzpatrick-935 an der Sarthe zu einem hervorragenden vierten Gesamtplatz.

Le Mans 1979. Nach dem Debakel, das die 936 Werks-Spyder erlebten, hielt der 935 K3 des Kremer-Teams unter den Brüdern Whittington und Klaus Ludwig die Fahne der Marke hoch (oben).

PORSCHE 924 CARRERA GT

Kurswechsel

nde der siebziger Jahre machte man sich bei Porsche ernsthafte Sorgen um die Zukunft und ging mit dem Gedanken schwanger, den 911 zu ersetzen. Aus dieser Perspektive wird verständlich, warum das Werk für die 24 Stunden von Le Mans 1980 drei 924 Carrera GT für die GTP-Klasse meldete. Das bedeutete den Beginn einer neuen Ära in Zuffenhausen und schien vom Aus des Elfers und seiner Rennsport-Abkömmlinge zu künden; stattdessen wollte man fortan auf die neuen Vertreter der Marke mit wassergekühltem Frontmotor setzen. Dafür sprachen sowohl wirtschaftliche als auch technische Gründe, denn die werte Kundschaft wollte den 924 erst dann als echten Porsche anerkennen, wenn er sich auch im Rennsport hervorragend bewährt habe. Und so machte man sich bei Porsche, wo man dreißig Jahre lang das Prinzip des luftgekühlten Heckmotors geheiligt hatte, daran, zu neuen Ufern aufzubrechen. Und Porsche knauserte nicht an Mitteln, um für das neue Fahrzeug zu werben, das im Verkauf und auf der Rennstrecke die verschiedenen 911-Versionen ablösen sollte.

Die Stuttgarter strebten eine Homologation in der Gruppe 4

an, etwa für die amerikanischen SCCA- und IMSA-Serien, doch auch Le Mans, das noch immer eine werbewirksame Schaubühne darstellte, hatte man im Sinn. Dass es damals kein präzises Reglement für die Markenweltmeisterschaft gab, bestärkte das Haus in seinen Absichten, und so machte man sich an ein Unterfangen, das an die Arbeiten am ersten Carrera RSR Turbo von 1974 erinnerte. Als die ersten Langstreckentestfahrten im Februar 1980 positiv ausfielen, stieg der Kurswert des von Ing. Norbert Singer im Oktober 1979 begonnenen Projektes 924 Le Mans innerhalb des Hauses stark an.

Wie schon des öfteren wurden Rennsport- und die als Basis dienende Straßenversion parallel entwickelt. Auf der Frankfurter IAA im September 1979 präsentierte man unter großem Aufsehen die Studie 924 Carrera GT, ein Vorbote des Kommenden. Dass man zum ersten Mal den Ehrentitel Carrera, der immer für die Leichtbau-Sportvarianten gestanden hatte, an ein Frontmotor-Automobil verlieh, machte deutlich, wohin die Reise ging. Der Carrera GT wurde aus dem 1978 vorgestellten 924 Turbo entwickelt, besaß aber eine Optik, die man später für den 944 wieder aufgriff. Ganz

Der innerhalb von 12 Monaten knapp über 400 Mal produzierte 924 Carrera GT trat 1980 in Le Mans an. Drei speziell

präparierte Exemplare vertraten das Werk. Nummer 2 kam, behindert durch Probleme mit der Zündung, unter den Engländern

Rouse/Dron auf den zwölften Platz.

Der Renn-924 wurde weiter entwickelt. Bei Nummer 1 handelt es sich um einen

924 GTP, der in Le Mans mit Barth/Röhrl am Steuer den siebten Platz machte.

gewiß blieb der Neuling, mit seinen Plastik-Kotflügelverbreiterungen, der Hutze auf der Motorhaube und den geschmiedeten Alurädern samt Reifen der Größe 215/60 VR 15, nicht unbemerkt.

Das Carrera-Label, Signal für höchste Sportlichkeit, verpflichtete die Ingenieure dazu, überflüssige Pfunde über Bord zu werfen. Die vereinfachte und dadurch gewichtsmindernde Innenausstattung half, insgesamt gut 150 Kilo einzusparen. Zugleich wurde der von Audi stammende Zweiliter-Vierzylinder, der im Turbo 170 PS abgab, auf 210 PS gebracht. Das bewerkstelligte man durch die Verwendung einer elektronischen Zündanlage, die überdies die Leistung im unteren Drehzahlbereich besonders erhöhte. Weitere Unterschiede zum 924 Turbo bestanden in der von 7,5 auf 8,5 zu 1 erhöhten Verdichtung und dem Einbau eines Ladeluftkühlers. Das Fahrwerk bestand aus einer vorderen McPherson-Achse mit Bilstein-Stoßdämpfern und Schraubenfedern sowie hinteren Schräglenkern, ebenfalls mit Bilstein-Stoßdämpfern, und Torsionsstäben. Auf Wunsch gab es den 924 Carrera GT auch mit Sperrdifferenzial.

In Le Mans zeigten sich die Autos mit einer Frontpartie, die zur Gänze aus Plastik bestand, ebenso wie die Türen und die hinteren Kotflügelverbreiterungen; innen wurde die Hülle durch einen Sicherheitskäfig verstärkt. Die Bremsen stammten vom 917, besaßen Sättel aus einer Leichtmetalllegierung und vier Bremskolben, aber keine Servounterstützung. Um den Motor auf 320 PS bei 7000/min zu bringen, fanden eine Trockensumpfschmierung, eine mechanische Kugelfischer-Vierstempeleinspritzung wie im 935/936 und Renn-Nockenwellen Verwendung. Diese Mischung sorgte für eine eindrucksvolle Leistung, denn alle drei 924 Carrera GT sahen das Ziel. Bestes 924-Team im Jahre 1980 waren Barth/Schurti auf dem sechsten Gesamtplatz.

Der 924 Carrera GT zählt noch heute bei den sportbegeisterten Fans der Zuffenhausener zu den begehrenswertesten Modellen, und unter Sammlern gilt er als sehr gesucht.

PORSCHE 936

Erfolg in Serie

Nach dem Auslaufen der Markenweltmeisterschaft und vor der für 1982 angekündigten Wiederauferstehung der Langstrecken-WM beschloss das Werk, das in Le Mans ohne Hoffnung auf einen Gesamtsieg mit Abkömmlingen des 924 an den Start ging, den 936 aus der Rente zu holen. Ein freizügiges Regelwerk schien Porsche in dieser Absicht zu favorisieren, und man machte sich Hoffnungen, den fünfzigsten Jahrestag der Einrichtung des Porsche-Ingenieurbüros und die dreißigste Wiederkehr der ersten Le-Mans-Teilnahme durch einen Sieg feiern zu können. Doch um zu verstehen, warum Porsche 1981 an der Sarthe mit zwei alten 936 antrat, wo man doch auch mit zeitgemäßerem Material hätte aufwarten können, müssen wir in der Zeit um sechs Jahre zurück gehen.

Kurz vor dem Beginn der Saison 1976 aus dem Nichts auftauchend wie ein Springteufel aus seiner Schachtel, stellte der 936 Spyder Stuttgarts Antwort auf die konfuse Sportpolitik der verantwortlichen Gremien dar. Das Werk hatte sich lange dafür gerüstet, 1976 auf der Bühne der wie für

Porsche geschaffenen Markenweltmeisterschaft die führende Rolle zu spielen und im letzten Moment sich dazu entschlossen, parallel dazu um die Sportwagen-WM zu fahren. Diese war eilig auf Druck der französischen und italienischen Hersteller eingerichtet worden, um deren Interessen entgegen zu kommen. Nachdem die Werks-Staffel ein Jahr Auszeit genommen hatte, kehrte Porsche nun mit relativ wenig Aufwand zu den echten Sport-Protoypen zurück: man brachte den bewährten 936 Spyder, der sich möglichst vieler bereits existierender Bauteile bediente. 936–001, ganz in Schwarz gewandet, bekam den Spitznamen „Schwarzer Teufel" und besaß den Alu-Gitterrohrrahmen vom 908/03 und 917/10;

Mit seinen Siegen in Les Mans 1976 und der

Markenweltmeisterschaft hielt die Turbotechnik Einzug in

den Automobilsport.

112

Die Überlegenheit der zwei 1979 in Le Mans eingesetzten 936 währte nur kurz. Nummer 14 unter Wollek/Haywood und Nummer 12 unter Ickx/Redman fielen bald aus und machten so den Weg frei für den 935 K3 mit der Nummer 41 und den Brüdern Whittington sowie Klaus Ludwig am Volant.

Fahrwerk, Lenkung und Getriebe waren alle bereits aus verschiedenen 917-Versionen der Jahre 1970 bis 1973 bekannt. Bei langen Versuchen im Windkanal formte man eine dreiteilige, sehr flache Karosserie aus Polyester, die hinten nach Art der früheren Langheck-Versionen weit auslud. Für gute Bodenhaftung sorgten zwei ansteigende, auf Höhe der Hinterräder ansetzende Finnen, die einen waagerecht liegenden, zweifach verstellbaren Heckflügel trugen.

Wegen der äußerst kurzen Entwicklungszeit verbaute man im 936 den bewährten Motor aus dem 1974er 911 Turbo Carrera-Werkswagen mit zwei Ventilen pro Zylinder und Luftkühlung, der 520 PS bei 8000 Umdrehungen abgab. 83 mm Bohrung und 66 mm Hub ergaben ein Volumen von 2142 cm³, was mit 1,4 multipliziert genau dem für Sportwagen gültigen Limit von drei Litern für unaufgeladene Maschinen entsprach.

In der Meisterschaft, die man schon vorab den Alpine-Renault zugesprochen hatte, spielte der völlig überraschend auftauchende 936 Spyder die Rolle des Weißen Ritters. In der Saison 1976 gewann er alle Langstreckenrennen, mit Ausnahme des ersten. Eine reife Leistung für einen Neuling! Diese Erfolge wurden gekrönt, als 936–002, eilig zusammengebaut, mit seiner großen Lufthutze über der Motorhaube die 24 Stunden von Le Mans gewann. Freilich hatte Porsche nur ungern zwei 936 an die Sarthe geschickt, man hätte es lieber gesehen, wenn der seriennähere 935 gewonnen hätte. Doch das Schicksal wollte es anders und gewährte Ickx/van Lennep und ihrem 936 den ersten Le-Mans-Sieg eines Turbofahrzeugs. Trotz allen Erfolgen verkündete das Werk Ende 1976, dass der 936 im Jahr darauf nicht mehr antreten werde. Aber die starken Alpine-Renault zwangen Porsche, doch zwei 936, unter Haywood/Barth und Ickx/Pescarolo, nach Le Mans zu schicken. Die technisch fast unveränderten Spyder, denen jetzt aber ein Biturbo zu 540 PS und eine modifizierte Karosserie zu mehr Tempo verhalf, lagen im Training an der Spitze, aber im Rennen ging es turbulent zu. 936–002 schied in der vierten Stunde mit Pleuelschaden aus, 936–001 wurde in der 21. Stunde durch einen Defekt an der Einspritzpumpe

Nach einem zweijährigen Interregnum, während dem der 911 im Mittelpunkt stand, trat der 936 an die Stelle des 917; auch der Neue fuhr sehr erfolgreich bei der Marken-WM und in Le Mans.

Der 1976 konzipierte 936 gewann dreimal in Le Mans, 1976, 1977 und 1981.

1981 siegten Jacky Ickx und der Engländer Derek Bell in Le Mans; sie legten 4.825,348 Kilometer zurück, was einem Stundenmittel von 201,056 km/h entsprach.

zurückgeworfen. Dank den Fahrkünsten eines Jacky Ickx, der seine starke Hand dem Team Haywood/Barth zur Verfügung stellte, gewann 936–001 das Rennen, eingehüllt in eine beunruhigend blaue Qualmwolke, die durch einen Kolbenschaden während der letzten Stunde verursacht wurde. Um diese thermischen Probleme zu beseitigen, entwickelte man im Winter 1976/77 einen neuen Sechszylinder mit vier Ventilen je Zylinder, vier obenliegenden Nockenwellen und wassergekühlten Zylinderköpfen. Die Zylinder mit ihren nikasilbeschichteten Laufbuchsen wurden wie im Serien-911 durch ein, wenn auch kleineres, Lüfterrad gekühlt. Obwohl die Flanken jetzt Wasserkühler beherbergten und trotz eines neuen Heckspoilers ähnelte der 936–78 seiner Vorgängerversion sehr stark. Aber auch mit einem dritter Spyder, 936–003, der die beiden anderen unterstützte, konnte Porsche gegen die übermächtigen Alpine-Renault, die ihre letzte Saison fuhren, in jenem Jahr wenig ausrichten.

Porsche reagierte 1979 auf das Fehlen starker Konkurrenz damit, dass auch die 936 in der Garage blieben!

Als Ford einstieg, rollten die 936 dann doch wieder an den Start, und zwar in den Farben des Ölkonzerns Essex. Das Unternehmen geriet zur Schlappe. Nach einem erfolglosen

Jahr ging der Spyder aufs Altenteil, nicht ohne zuvor 1981 noch einmal in Le Mans anzutreten. Es scheint, dass dafür Dr. Schutz, der neue Porsche-Chef, verantwortlich zeichnete. Bei einem solchen Unterfangen, wo die Firmenehre auf dem Spiel steht, scheute Porsche keinen Aufwand.

Man schien für den Erfolg gut gerüstet: zum Einen engagierte man Jacky Ickx, der darauf brannte, zum fünften Mal an der Sarthe zu gewinnen und damit einen Rekord aufzustellen, zum Anderen verfügte der 936 nun über eine von Dunlop entwickelte Reifendruckkontrolle und den 630 PS starken sogenannten Indianapolis-Motor, der den Einbau des Vierganggetriebes aus dem 917 CanAm bedingte. Und tatsächlich: am Sonntag um 15 Uhr war es vollbracht.

Dadurch adelte sich der 936 endgültig zum Auto, das in die Motorsportgeschichte einging. Es war aber auch – vorläufig – das Ende der Spyder-Ära. Erst 1997 gewann wieder ein offener Porsche an der Sarthe.

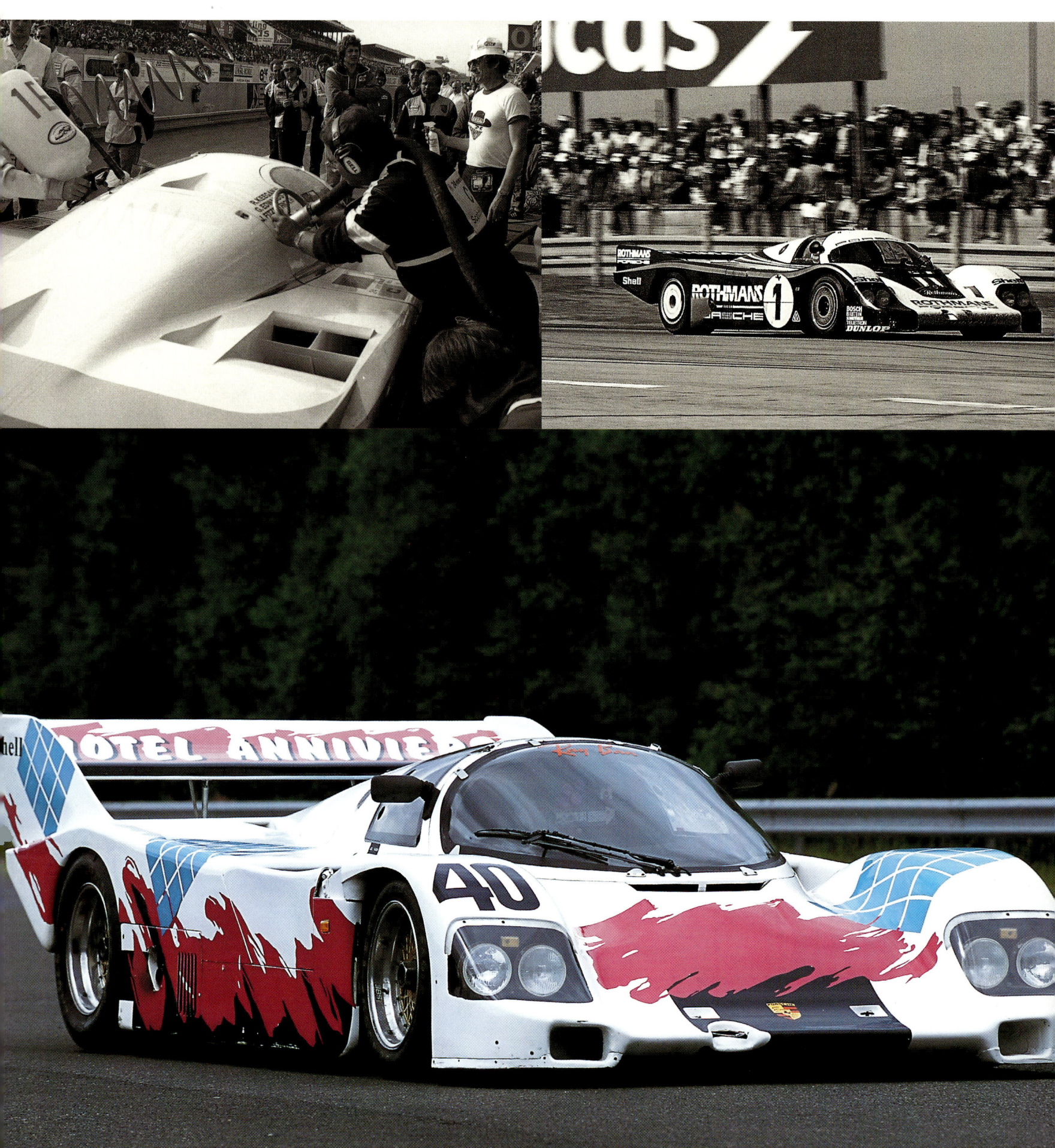

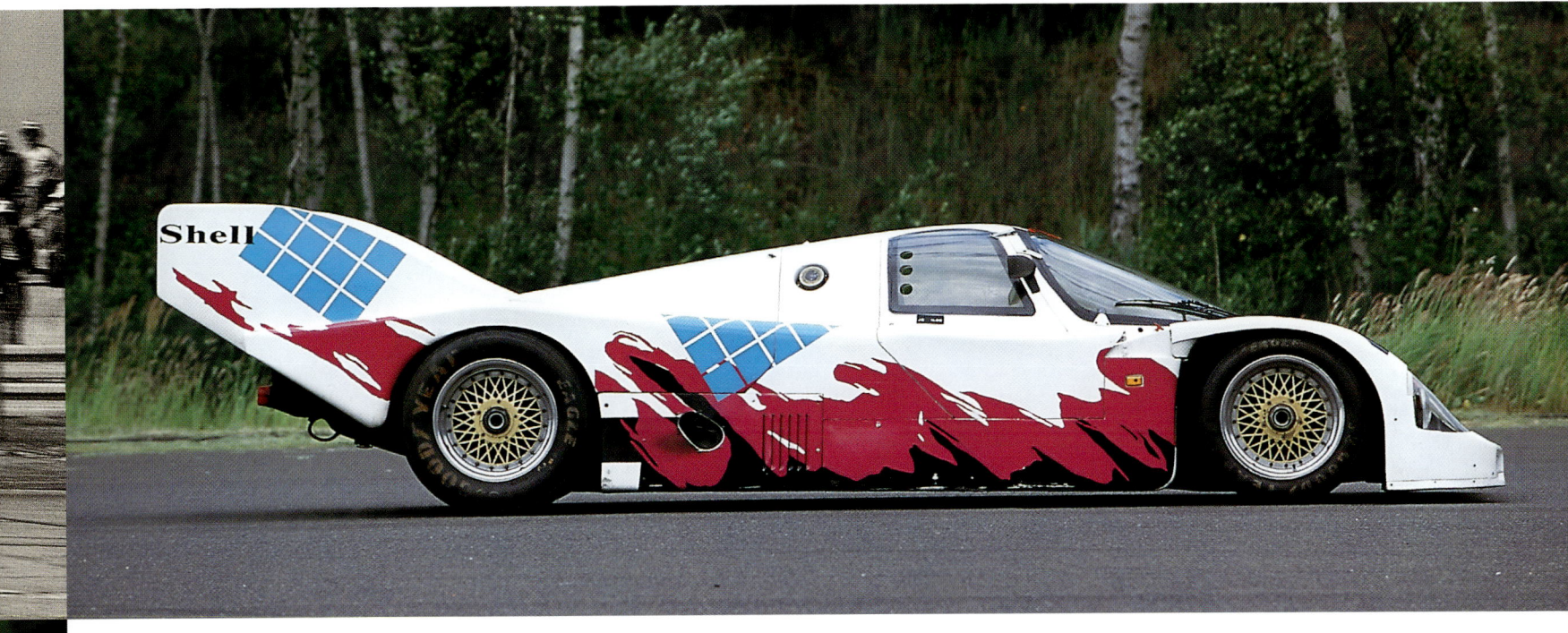

PORSCHE 962 C

Auf der Wolke des Erfolgs

Juni 1982, 24 Stunden von Le Mans: das Rennen verströmt seinen hypnotischen Charme, das Ölballett der Mechaniker vollführt seine immer gleichen Gesten. Auf der Strecke geraten die rasenden mechanischen Monstren im Konzert der Zylinder aneinander. In diesem Verwirrspiel sind die Porsche Meister. Die Magie von Le Mans ist am Werk. Auf der Bahn taucht ein großer Hai auf, ein Porsche 956, und verwandelt sich dem Betrachter in eine vorbei rasende bunte Masse, über 340 Kilometer schnell und mit kreischendem Sechszylinder. Auf der Mulsanne-Geraden verstärken die aus dem Auspuff züngelnden Flammen die ersten Sonnenstrahlen, während der 956 sich mit pfeifendem Lader entfernt. Ein Star ist geboren...
Als führende Kraft in den Sportwagen-Weltmeisterschaften der 70er-Jahre konnte Porsche sich der neuen Herausforderung nicht entziehen. Diese bestand darin, dass nach dem neuen Reglement der Gruppe C die Leistung nicht mehr

durch den Hubraum, sondern durch den Benzinverbrauch begrenzt wurde. Das hatte die Stuttgarter veranlasst, am 1. August 1981 Entwicklung und Bau eines völlig neuen Rennwagens anzukündigen. Dem neuen Regelwerk gemäß, das zwei Sitze, eine mindestens 100 cm hohe Frontscheibe und maximale Außenmaße von 4,80 Metern Länge und 2 Metern Breite vorschrieb, konstruierte Porsche eine geschlossene Karosserie, die größtmögliche Bodenhaftung ermöglichte; Schürzen waren per Reglement verboten. Hier wagte

Der 962 C als „kleiner Bruder" des 956 gewann viele Rennen in aller Welt. Er zählt zu den erfolgreichsten Fahrzeugtypen der Motorsportgeschichte.

Angesichts einer starken Konkurrenz kehrte Porsche im Jahre 1988 unterstützt von Shell und Dunlop nach Le Mans zurück, fest entschlossen, den Titel zu verteidigen. Nummer 17 wurde von dem Trio Ludwig/Stuck/Bell, das zusammen auf sechs Le-Mans-Siege kam, pilotiert, Nummer 18 bemannte die Familie Andretti, bestehend aus Vater Mario, Sohn Michael und Neffe John. Trotz der großen Namen waren die Jaguar schneller.

sich Porsche auf Neuland vor. Die Ingenieure entwarfen ein Monocoque-Chassis aus vernieteten Aluminiumteilen, am Heck um eine den Antrieb tragende Rohrstruktur verlängert und mit einer von Horst Reitter entworfenen Kohlefaser-Karosserie verkleidet. Das ganze Heck war darauf hin konstruiert, Abtrieb zu erzeugen. Der Motor war nach vorne geneigt eingebaut, um das Heck zu entlasten. Das vollverkleidete Fünfganggetriebe stützte die darüber liegenden Federbeine.

Der Motor selbst entsprach weitestgehend der Maschine aus dem 1981 in Le Mans siegreichen 936 „Jules". Es handelte sich dabei um einen vom Serien-911 abgeleiteten Sechszylinder, der von seiner Ausgangsbasis immerhin noch die Ölwanne und die Zylinder besaß. Der 2,65 Liter große Motor wartete mit zwei KKK-Turboladern und einer Kugelfischer-Einspritzung auf, deren Pumpe elektrisch verstellbare Stempel aufwies. Zwar wurden die Zylinder durch Luft gekühlt, die Vierventilköpfe samt den vier obenliegenden Nockenwellen verfügten indes über eine Flüssigkeitskühlung. Ein Ladedruck von 1,3 bar sorgte für eine Leistung von 620 PS bei 8000/min.

Schon in seiner ersten Saison brachte der 956 Porsche große Erfolge, nämlich die Markenweltmeisterschaft und einen Dreifachsieg in Le Mans. Zweifellos in der Absicht, einen Teil der immensen Kosten des Projektes wieder einzufahren und die Chancen der Marke in der Gruppe C zu erhöhen, bot Porsche seinen König der Langstrecke in der Preisliste 1983 für astronomische DM 560.000,- zum Kauf feil! Dafür erhielt der Kunde aber auch die Gewissheit, in der Meisterschaft ordentlich mitmischen zu können. Und falls die Werksautos einmal ausfallen sollten, war immer noch ein Privatteam zur Stelle, so geschehen 1984 in Le Mans, als Pescarolo/Ludwig auf dem 956-117 des Joest-Teams gewannen.

Mit dem Weltmeistertitel nicht zufrieden, begann sich Porsche nun auch für die amerikanische IMSA-Meisterschaft zu interessieren, um mit Erfolgen die Verkäufe auf dem für die Firma so wichtigen Markt zu beflügeln. In der Folge brachte Porsche Anfang 1984 einen aus dem 956 entwickelten Wagen, der dem dortigen Reglement entsprach. Dieser 962 ähnelte dem 956 in hohem Maße, ruhte aber, den IMSA- und FISA-Normen gemäß, auf einem 12 Zentimeter längeren Radstand. Ab 1987 verlangte das Regelwerk, dass die Pedalerie sich hinter der Vorderachse befand. Rechtzeitig zu den 24 Stunden von Daytona war Chassis Nummer 962–001 fertig, angetrieben von einem 2,85 Liter großen Sechszylinder mit einem Turbolader, nicht unähnlich dem Aggregat des 935. Folglich besaß die Maschine luftgekühlte Zweiventil-Zylinderköpfe. Aus dem in der IMSA-Serie erfolgreichen 962 entwickelten die Stuttgarter 1985 den 962 C, einen 962 mit dem Motor des 956 für die europäischen Rennen. Zugleich arbeitete man an 2,8 Liter messenden Kundenmotoren. Für die Saison 1986 wurde der Motor auf drei Liter vergrößert und erhielt teilweise Wasser- anstelle der Luftkühlung.

Als archetypische Gruppe-C-Wagen waren

die 956 und 962 nicht minder erfolgreich als ihre

Vorgänger vom Typ 917 in den siebziger Jahren.

1987 stellte das Werk die Entwicklungsarbeiten am 962 ein, und trotz einigen Auftritten im Folgejahr in Le Mans und der deutschen Supercup-Serie, liefen die Autos in den Händen von Privatfahrern, die es unternahmen, ihre Rivalen zu deklassieren.

Während der Saison 1987 erwarb der Schweizer Fahrer und Teammanager Antoine Salamin den 962 C, Chassis Nummer 962–131, um den Wagen bei der Sportwagen-WM laufen zu lassen. Der rechtzeitig vor dem Zeltweg-Rennen im Oktober 1987 ausgelieferte 962 C entspricht der klassischen Ausführung mit 2,8-Liter-Motor und gemischter Kühlung. Mehrere Jahre lang versuchte sich der 962 C des Salamin-Teams mit wechselndem Erfolg an den in Europa stattfindenden Läufen der Weltmeisterschaft. Aus Geldmangel weniger technisch hochgerüstet als seine Geschwister war 962–131 nie in der Lage, um die vorderen Plätze zu fahren. Gleichwohl gab es einige gute Resultate. 1988 belegten Salamin/Dudley Wood beim 1000-Kilometer-Rennen in Monza und in Silverstone jeweils den 19. Platz; einige Wochen darauf konnten der Franko-Marokkaner Max Cohen-Olivar und Helmut Mundas bei einem WM-Lauf den achten Platz erringen. Die Saison ging, nachdem man Le Mans ausließ, in Brands Hatch weiter, wo Jean-Denis Deletraz, Antoine Salamin und Giovanni Lavaggi den siebten Platz erreichten. Die Saison klang für Salamin und Lavaggi mit einem neun-

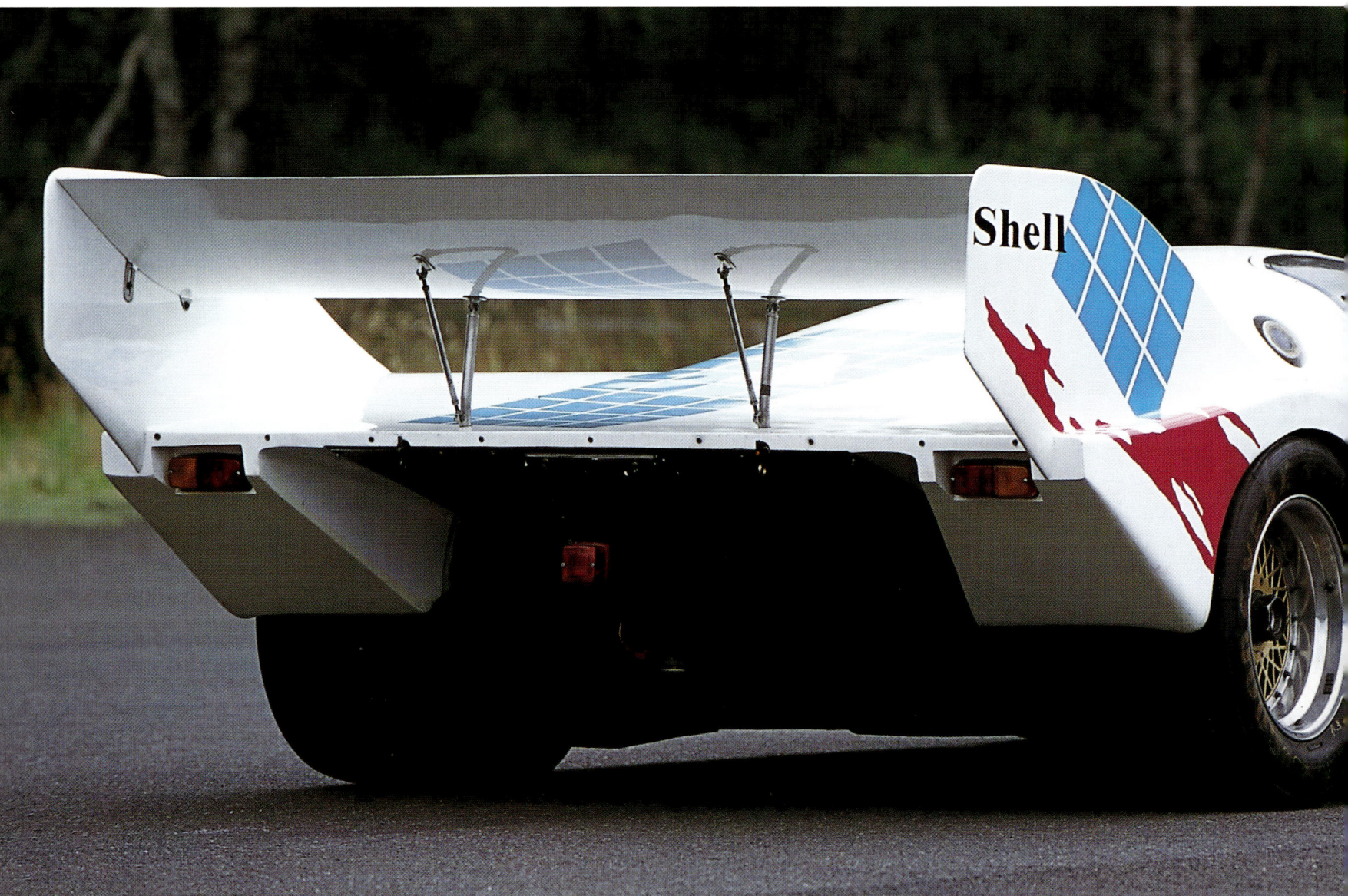

ten Platz am Nürburgring und einem siebten Rang in Spa aus. Zu Beginn der Saison 1989 sicherte sich Salamin die Dienste Max Cohen-Olivars, der bereits fünfzehn Mal in Le Mans gefahren war und dem Team im Falle eines Startes an der Sarthe nützlich sein sollte. Leider konnte 962–131 dann aus Budgetgründen doch nicht in Le Mans antreten. 1989 war für den Wagen überhaupt ein schwarzes Jahr. In Mexiko wurde der Wagen stark beschädigt, als er mit Patrick Tambays Jaguar kollidierte. Wieder aufgebaut, lief der 962 in der deutschen Supercup-Serie. Wenn die Chassisnummer 131 auch nicht überaus erfolgreich war, so war sie doch Mitglied einer der berühmtesten Sportwagenfamilien ihrer Zeit. In einer Spanne von 10 Jahren heimste der 962 folgende beeindruckende Liste von Erfolgen ein: fünf Konstrukteurs- und Fahrertitel in der Markenweltmeisterschaft mit 43 gewonnenen Rennen; 6 Siege bei den 24 Stunden von Le Mans; 4 IMSA-Titel mit 52 gewonnenen Rennen und 5 Siege bei den 24 Stunden von Daytona. Das sind unerreichte Rekordwerte, sowohl was die Länge seiner Sportlaufbahn als auch die Ausbeute angeht. Insgesamt wurden von den Modellen 956 und 962 gut 150 Exemplare gebaut. Die Güte dieser Typen beweist die Tatsache, dass zwölf Jahre nach dem ersten Sieg eines 956 in Le Mans ein Dauer-962, dank einer Lücke im Reglement als GT startend, erneut an der Sarthe gewann.

Der 962 lief von 1982 bis 1990

überwiegend in den Händen von Privatfahrern bei

Sportprototypen-Rennen und war in der Regel stärker

als die Konkurrenz.

PORSCHE 911 TURBO 3,3 CABRIOLET

Ganz nach Wunsch

A ls Anfang 1975 die Serienproduktion des 911 turbo anlief, rechneten Ferry Porsche und Ernst Fuhrmann damit, im besten Falle 500 Exemplare absetzen zu können; für die Sport-Homologation genügten 400 Stück. Doch der Erfolg des Fahrzeugs sprengte alle Erwartungen. Bereits im Mai 1976 wurde das erste Tausend voll gemacht.

Allein die simple Erwähnung des 911 turbo ruft in den Besitzern ganz besondere Erinnerungen hervor: teuflische Beschleunigungswerte, ein ungestümer und brutaler Charakter, hohe Stundenmittel, gigantischer Verbrauch, sündhaft teurer Unterhalt... Kurz, der erste 911 turbo war für Besserverdienende das Auto schlechthin!

Auch als Porsche für das Modelljahr 1987 den Turbo als Targa und Cabriolet einführte, fehlte es nicht an Superlativen und es wurden Fragen laut. Welcher Hafer hatte denn hier die Zuffenhausener gestochen? Diese Autos sprachen jeglicher Logik der Firmengeschichte Hohn.

Zur selben Zeit, als Porsche die Automobilwelt erschütterte und den sagenhaften 959 auf den Markt brachte, sollten die beiden exzentrischen neuen Turbo-Versionen den Rahm abschöpfen, den die weltweite Konsumeuphorie der späten achtziger Jahre hervor gebracht hatte. Ein Glücksfall für Porsche! Doch im Rückblick erscheint dieses Unterfangen

recht mutig, spürte doch der Turbo mittlerweile deutlich die Last der Jahre. Er wurde denn auch bald durch eine neue Version auf Basis des 911 Typ 964 ersetzt.

Der erste 911 turbo wurde auf dem Pariser Salon 1974 vorgestellt. Damals löste er einen Riesenwirbel aus. Nach BMW und dem 2002 turbo schwangen sich die Stuttgarter zum Meister des Turboladers auf. Urteilen Sie selbst: der Dreiliter, der 260 kräftige PS leistete, brachte das Auto auf ein Spitzentempo von 250 km/h. Die aufgeblasenen Backen und der mächtige Heckflügel verliehen dem Turbo ein Profil ganz eigenen Charakters. Zu Kundenauslieferungen kam es 1974 nicht mehr. Die Produktion begann sogar erst im April 1975, und bis zum Ende des Modelljahres im August fertigte Porsche 273 Exemplare. Der Preis, mit DM 68.000,- fast doppelt so hoch wie derjenige des normalen 911, war in diesen benzinknappen Zeiten dem Absatz sicher nicht förderlich. Im Gegensatz zu den Carrera 2,7 und 3,0 hatte der Turbo eine umfangreiche Serienausstattung: elektrische Fensterheber, Klimaanlage, Teppichboden, Stereoanlage mit automatischer Antenne, getönte Scheiben, Nebelscheinwerfer, Scheinwerferreinigung und Heckscheibenwischer. Heute ganz banale Dinge, vor 25 Jahren noch selten anzutreffen.

Der Motor des Turbo basierte auf dem rennsporterprobten

Dieses exklusive Exemplar des 911 turbo Cabriolet erhielt im Werk ein Aerodynamik-Paket und einen auf 400 PS getunten 3,3-Liter-Motor.

Carrera-Aggregat mit drei Litern Hubraum. Die geschmiedeten Spezialkolben senkten die Verdichtung auf 6,5 zu 1, die mechanische Einspritzung der Vorgängermodelle wich der neuen Bosch K-Jetronic mit elektronischer Zündung, der Lader stammte von KKK (Kühnle, Kopp & Kausch). Zur allgemeinen Überraschung begnügte sich das Topmodell mit einem Vierganggetriebe. 1978 erfuhr der Turbo die erste Überarbeitung: der Hubraum wuchs auf 3299 cm³, die Verdichtung stieg auf 7,0 zu 1, die Leistung auf 300 PS. Darüberhinaus kühlte ein Luft-Luft-Wärmetauscher die in den Motor strömende Verbrennungsluft. Vor allem aber war die neue Version viel angenehmer zu fahren, was an dem über ein breiteres Band verfügbaren Drehmoment von 42 mkg lag. Den 3,3 rüstete Porsche mit Alcan-Bremssätteln nach eigenem Entwurf und den gelochten, innenbelüfteten Bremsscheiben des 917 aus. Im Laufe der achtziger Jahre wuchs der Ausstattungsumfang. Schließlich entschied man, den Turbo auch als Targa und Cabriolet auf den Markt zu bringen. Zugleich spendierte man dem Turbo ein leichter zu schaltendes und verbrauchsreduzierendes Fünfganggetriebe. Unser Fotoexemplar zählt zu den letzten der Serie und besitzt nicht nur die turbo-typischen Karosseriedetails, sondern auch den werksseitig lieferbaren 400-PS-Motor. In besonderem Maße erfreut es durch die harmonische Farbgestaltung. Die ohne Nachfolger gebliebenen 911 turbo Targa- und Cabriolet-Modelle sind Zeugnisse einer wilden und unvernünftigen Epoche. Und auch das ist sicher: der Turbo prägte Prestige und Image aufgeladener Motoren.

Der Porsche Carrera RSR Turbo in den Martini-Farben gilt als Vorläufer des Serien-Turbo. Er belegte

in Le Mans 1974 den zweiten Rang und war ein Vorbote der neuen Technologie; ab 1975 gab es den

Turbo mit drei Litern und 260 PS im Laden zu kaufen.

PORSCHE 959

Der Doppel-Turbo

Dies ist ein Auto mit zwei Gesichtern. Es trägt das kompakte Gewand des 911 in etwas größerer Form. Im einen Moment sehen wir einen höchst zivilisierten und braven Porsche vor uns, im nächsten Augenblick ein bestialisches Monster, das in rasender Fahrt Kilometer verschlingt. Dieser janusköpfige Charakter liegt an der zweistufigen Turboaufladung, die oberhalb von 4500 Touren erst richtig aufmacht.

Ein Faszinosum! Noch nie hatte es ein technisch derart gelungenes Automobil gegeben. Ganz gewiss ist der 959 eines der außergewöhnlichsten Autos des späten zwanzigsten Jahrhunderts. Und ebenso gewiss war der 959 Auslöser für das Erscheinen einer ganzen Reihe von Supersportwagen der achtziger Jahre. Am Anfang der selten ehrgeizigen Entwicklung des 959 stand der Wille von Ing. Helmuth Bott, eine ideale Synthese aus komfortablem GT, Rennwagen und

rollendem Versuchslabor zu schaffen. Zur Produktion kam es, weil das Reglement der Gruppe B ein Minimum von 200 Exemplaren verlangte. Am Ende geriet der Porsche 959 zum Schaukasten der technischen Fähigkeiten seiner Väter.

Helmuth Bott fasste die Philosophie hinter seinem neuen Produkt so zusammen: „Wenn man ein Auto für DM 450.000,– verkaufen will, sind auch allerhöchste Fahrleistungen allein nicht genug, man muss auch Platz und Komfort bieten. Obwohl die Technik aus dem Rennsport

Nach einem Klassensieg im Jahre 1986 tratt der 961, die Rennversion des 959, auch ein Jahr später wieder in Le Mans an, wurde aber bei einem Ausritt vollständig zerstört (rechts).

128

Vom 959 wurden für die Homologation in der Gruppe B über 200 Exemplare hergestellt. Er bewies mit seinen Erfolgen bei der Rallye Paris-Dakar und in Le Mans die Kompetenz der Marke Porsche.

Zum ersten Mal verbaute Porsche ein Sechsganggetriebe.

Der 959 diente als Referenzpunkt bei der Entwicklung der

späteren 911-Versionen.

stammt, ist das Ergebnis ein Produkt, das sich wie ein Serienauto fährt." Als schneller GT musste der 959 beweisen, dass die hochkomplizierte Technik mit ihren teuren Materialien auch im Alltag funktionierte.

Von Anfang an diente das Projekt 959 in den Händen Manfred Bantles als Versuchsfeld für die künftige Technik des 911. Auf der Frankfurter IAA im September 1983 war als erstes Ergebnis die Studie „Gruppe B" zu bestaunen. Auf spektakuläre und begeisternde Weise bildete sie ein avantgardistisches Konzept ab. Unter der Karosserie steckte außergewöhnliche Technik, und die kundigen Betrachter wunderten sich über die Beibehaltung des Heckmotors à la 911: „Wir wollten nicht auf jedem Gebiet innovativ sein. Unsere Forschungen und unsere Arbeit konzentrierten sich auf Motor, Getriebe und einige Fragen der Sicherheit. Der Rest ist relativ konservativ, und man muss auch zu irgendeinem Zeitpunkt die Entwicklung beenden, wenn man zum Bau eines Autos übergehen will. Das ist kein Dream Car und auch keine Stilstudie, sondern ein Wagen, der in kleiner Serie gebaut werden wird, was der technischen Entwicklung gewisse Grenzen setzt."

Mit elektronisch geregeltem Allradantrieb, 450 PS aus 2,85 Litern und einer Höchstgeschwindigkeit von 315 km/h war der 959 das Superauto seiner Zeit.

Der Erfolg stellte sich bald ein. Trotz des exorbitanten Preises waren alle Exemplare schon Anfang 1984 verkauft. Um zu den wenigen Glücklichen zu gehören, musste man von hoher Seriosität und ein guter Freund des Hauses sein. Wer diese Anforderungen erfüllte, musste dennoch mindestens bis Anfang 1987 auf seinen 959 warten. Im gleichen Jahr gewann der 959 sowohl die Rallye Paris-Dakar als auch seine Klasse in Le Mans. Daraufhin gaben die Ingenieure die Freigabe für die Serienproduktion. Porsche hatte etwa 200 Millionen Mark investiert und riskierte den guten Markennamen; Enttäuschungen durfte es nicht geben...

Außer einer starken Familienähnlichkeit erbte der 959 nur wenig vom 911: nämlich die Bodenplatte aus Stahlblech. Bei der Karosserie handelte es sich um ein komplexes Gebilde aus mehreren Materialien; Aluminium für Türen und Hauben, Verbundwerkstoffe für Unterbau, Kotflügel, Dach, Schürzen und Heckflügel, und Kunststoff. Das Fahrwerk bot eine Hydropneumatik, aktiviert durch eine vom Motor angetriebene Hochdruckpumpe, die es dem Fahrer gestattete, Stoßdämpferkennung und Bodenfreiheit zu verstellen. Das machte den 959 zum feinsten Allradfahrzeug auf dem Markt. Die elektronisch gesteuerte Kraftübertragung besaß vier Programme: Anfahren auf glatter Straße, Fahren auf verschneiter oder vereister Straße, Feuchtigkeit, Trockenheit. Anhand einer bestimmten Zahl von Parametern regelte ein Computer die Verteilung der Kraft.

Eigentliches Bravourstück in dieser Innovationsorgie war aber der Motor. Vom Sechszylinder-Boxer des 956 abgeleitet, stellte dieses Vollblut die Kleinigkeit von 450 PS aus 2,85 Litern zur Verfügung. Mit 158 PS pro Liter bot der 959 bei seinem Erscheinen die höchste spezifische Leistung aller Serienautos. Weitere Merkmale waren die Trockensumpfschmierung, Vierventilzylinderköpfe und vier obenliegende Nockenwellen, ferner die gemischte Luft-/Wasserkühlung und eine Bosch-Motronic. Originellstes Charakteristikum des 959 war sein zweistufiges Biturbo-System. Der erste Lader, links sitzend, lief ständig, der zweite schaltete sich bei 4300 Touren zu. Mit seinem Sechsganggetriebe beschleunigte der 959 von 0 auf 100 km/h in 3,9 und auf 200 km/h in 14,8 Sekunden.

Als innovatives Flaggschiff glänzte der 959 außerdem mit dem patentierten Dunlop TD Denloc-System, das den Reifendruck überwachte und gegebenenfalls verhinderte, dass der Reifen von der Felge rutschte, sowie einem besonders effizienten ABS.

Ob in der Sport- oder der Komfortversion, der 959 wurde niemals in der Gruppe B eingesetzt, da er dafür mit 1450 Kilo einfach zu schwer und zu sehr auf Bequemlichkeit hin konstruiert war. Er war Prestigeobjekt, Technologieträger und Kundensportfahrzeug, und er knackte als erstes Serienauto die 300-km/h-Barriere. Seine Leistungsfähigkeit und seine hohe aktive Sicherheit eröffneten dem Serienautobau neue Horizonte. Weit davon entfernt, nur eine folgenlose Episode zu sein, erwiesen sich die Erfahrungen mit dem 959 als äußerst nützlich in Hinsicht auf die nachfolgenden 911 turbo. Und das ist ganz gewiss kein geringes Verdienst.

Innen ähnelte der 959 sehr dem 911; dahinter verbarg sich aber ein gänzlich anderer Charakter. Sicherlich zählte der 959 in den achtziger Jahren zu den Autos, die den meisten Fahrspaß boten.

PORSCHE 911 SPEEDSTER

Exklusive Versuchung

Ende der achtziger Jahre suchte Porsche, durch eine Absatzkrise in den USA stark gebeutelt, nach Wegen, seine Produktion steigern zu können. Da die Vier- und Achtzylinder auf nur mäßiges Interesse trafen, war das Management davon überzeugt, dass das Heil in einer Vergrößerung der 911-Palette zu suchen war, die bislang das Coupé, das Cabriolet und den Targa, alle mit Saugmotor, und den Turbo umfasste. Man wünschte sich einen exklusiven 911, der die Emotionen ansprach. Dieser Ansatz war umso logischer, da sich Porsche der damals vorherrschenden Irrationalität auf dem boomenden Sektor der Spitzensportwagen nicht länger entziehen wollte.

Und so präsentierte Porsche auf der Frankfurter IAA im September 1987 einen offenen, flacheren 911 und taufte ihn auf den Namen Speedster. Der Blickfang stand ganz in der Tradition des Hauses und sollte die Reaktionen der potenziellen Kundschaft erproben. Als erklärter Erbe des berühmten 356 Speedster führte sein gleichnamiger Nachfolger die Trias Strategie, Marketing und Legende zu einem Kulminationspunkt, und tatsächlich genügte die bloße Nennung des mythischen Namens, um die Flamme wieder zu entfachen. Und wer hätte auch daran gezweifelt?

Speedster: ein magisches Wort, bedeutungsschwer, dessen bloße Präsenz auf einer Motorhaube ganz besondere Gefühle hervorzurufen imstande ist. Die Wirkung dieser Magie reicht bis tief in das Unbewusste hinein: man hat Ahnungen von einer exemplarisch reinen Karosserie, die das Verdeck zur Gänze unter einer bauchigen Haube lässt und dadurch ein sehr sauberes Profil bietet.

Natürlich handelt es sich beim Speedster um eine Ableitung aus dem Serien-Cabriolet, an sich schon Ausdruck hoher Sportlichkeit und ein Automobil voller Flair, doch steht er auch für mehr. Wegen der limitierten Stückzahl und seiner exklusiven Benennung verkaufte sich der Speedster zu einem höheren Preis als das Cabrio, war aber auch luxuriöser und besser ausgestattet. Auf dem Grauen Markt wurde der Speedster bald für das Anderthalbfache seines Listenpreises gehandelt.

Der Speedster kündet von der Geisteshaltung und dem Enthusiasmus, der seine Schöpfer in den Büros in Weissach schon immer beseelt hat. Ab 1983 ließ Technik-Direktor Helmuth Bott als Mann hinter dem 911 Speedster zwei oder drei Prototypen entwickeln, darunter auch eine einsitzige Clubsport-Version mit extrem niedriger Frontscheibe und

Vom 911 Speedster in Schmalversion als besonders exklusivem Sportwagen wurden im Jahre 1989 gerade einmal 171 Stück gebaut. Bis heute ist diese abgespeckte Version des 911, die an den 356 Speedster erinnern soll, bei den Fans besonders beliebt. Das Besondere am Speedster ist die kleine, stärker geneigte Frontscheibe und das niedrige Verdeck, das unter einer zweihöckrigen Klappe verschwindet.

135

seitlichen Steckscheiben, dafür ohne Beifahrersitz und eines Verdeckes beraubt. 1987 kam der Speedster in abgewandelter Form wieder auf die Tagesordnung, ohne dass man dabei seinen Hauptzweck aus den Augen verloren hätte; allerdings hatte man das Auto den Erfordernissen des täglichen Gebrauches angepasst. Der Komfort blieb zwar insgesamt eher rudimentär entwickelt, war aber doch Gegenstand einiger Sorgfalt. Der Speedster hat Chassis, Technik, Motor und Innenausstattung vom 911 Cabriolet, doch damit hört die Ähnlichkeit dann auch schon auf.

In seiner Seriengestalt verfügte der Speedster über ein einlagiges, von Hand nicht ganz einfach zu bedienendes Verdeck und Kurbelscheiben ohne Ausstellfenster. Innen entspricht er dem Cabriolet, mit Ausnahme folgender Details: Sitze und Heizung sind manuell zu bedienen und die Fondsitzbank glänzt durch Abwesenheit.

Doch als maßgeblich für die gelungene Ästhetik des Speedster und seinen kommerziellen Erfolg erwies sich vor allem die um 8 Zentimeter niedrigere, in Aluminium gefasste Frontscheibe, die auch um 5 Grad stärker nach hinten geneigt war als beim Cabriolet. Der ursprünglichen Planung gemäß ließ sich die mittels vierer Schrauben befestigte Scheibe ebenso wie die Verdeckhaube abnehmen und machte so Platz für eine groß dimensionierte Plastik-Abdeckung, welche eine Mini-Windschutzscheibe aufwies und den gesamten Innenraum mit Ausnahme des Fahrerplatzes bedeckte. So hätte man den Speedster zum Sport-Einsitzer für Clubsportrennen verwandeln können. Dieses attraktive Konzept kam aber über das Prototypenstadium nicht hinaus. Um die Wünsche der Kundschaft noch besser erfüllen zu können und gleichzeitig alle Trümpfe im Ärmel zu behalten, bot Porsche ab Modelljahr 1989 den Speedster in zwei Ausführungen an: Turbo-Look und die serienmäßige, schmale Karosserie. Die Turbo-Look-Variante besaß, wie der Name ja besagt, die äußeren Karosseriemerkmale des 911 Turbo und zeigte sich damit recht auffällig. Die besondere Attraktion,

welche die aufgeblasenen Backen der Breitversion bot, führte dazu, dass die Mehrzahl der 2102 gebauten Speedster in dieser Ausführung über die Ladentheke gingen. Dafür ist die 171 Mal gefertigte Schmalversion unter Sammlern die gesuchtere Variante.

Das echte Speedster-Feeling stellt sich schon beim Betrachten ein: die zum sportlichen Fahren animierende, niedrige Silhouette, Mähne in den Wind! Mit geschlossenem Verdeck sieht der Speedster fast noch hübscher, noch rassiger, noch unwiderstehlicher aus. Die niedrige Scheibe und das geduckte Verdeck, das nach vorne hin abzufallen scheint, verleihen dem Auto seine ausgeprägten formalen Qualitäten.

Auf der technischen Seite besaß der Speedster den Sechszylinder mit 3164 cm³ Hubraum, der die Coupés und Cabriolets der Serie 911 Carrera 3.2 seit Herbst 1983 befeuerte. Mit der Kurbelwelle aus dem Turbo, die einen Hub von 74,4 mm ergab, und der im Vergleich zum SC von 9,8 auf 10,3 zu 1 erhöhten Verdichtung leistete der 3,2-Liter mittlerweile 231 PS statt zuvor im SC 204 PS. Das Drehmoment stieg von 27 mkg bei 4300 Touren auf 28,6 mkg bei 4800 Umdrehungen. Damit war der Speedster der schnellste aller 911 mit Saugmotor. Vor allem aber brillierte der neue Motor dank seiner Bosch-Motronic in den Punkten Laufkultur und Sparsamkeit. Außerdem besaß der Wagen das neue Getriebe vom Typ G50 mit Borg-Warner-Synchronisation, das ab 1987 im Carrera 3.2 Verwendung fand.

Der Speedster ist ein echter Klassiker und als Design-Vorzeigestück ein Auto für die Fans. Der robuste Komfort, das niedrige Verdeck, der mäßige Schutz vor den Unbilden der Witterung und seine Seltenheit machen den Speedster zum Genießerauto. Da er auch 70 Kilo leichter ist als das Cabrio, bietet der Speedster hohe Fahrleistungen und reagiert noch unmittelbarer auf die Befehle des Fahrers. Fahrvergnügen ist am Steuer dieses Auto kein leeres Wort. Bis heute ist der Speedster das faszinierendste Cabriolet seiner Zeit und einer der begehrenswertesten 911 geblieben.

Technisch basierte der Speedster auf dem damaligen 911
Carrera. Der Sechszylinder-Boxer leistete aus 3,2 Litern 231 PS und
sorgte für eine Spitze von über 245 km/h.

PORSCHE 911 CARRERA RS

Die zweite Generation

Mit dem 911 Carrera RS bot Porsche wieder ein limitiertes Sportmodell an. Trotz seines Alters von mittlerweile knapp zwanzig Jahren stellte der 911 immer noch den Porsche schlechthin dar; weder der auch schon ziemlich angejahrte 928 noch der 944, der bald vom 968 ersetzt werden sollte, zeigten sich imstande, über kurz oder lang an die Stelle des 911 zu treten. Wie der Speedster von 1989 unterstrich der Carrera RS Porsches neue Strategie, verstärkt auf den 911 zu setzen. Zweck dieser Strategie war es, den horrenden Verlusten ein Ende zu bereiten, denen sich Porsche damals ausgesetzt sah und die nicht zuletzt aus Streitigkeiten zwischen den Familien Porsche und Piëch resultierten; auch wollte man die 911-Palette durch neue Varianten erweitern. In der Marketingabteilung war man mit der damaligen Misere besonders unzufrieden und brütete eine Idee aus: einen leichteren 911 mit steiferer Karosserie und stärkerem Motor. Dieser spezielle 911 wurde auf dem Pariser Salon 1990 vorgestellt und ab Herbst 1991 vermarktet. Dank der möglichen Homologation in der Gruppe N/GT und der versprochenen limitierten Auflage in Höhe von nur 2500 Stück entfachte der Wagen aufs Neue die Begeisterung, die schon früher den

Parallel zum 911 Carrera RS übernahm eine weiter erleichterte und erstarkte Version, der Carrera Cup, die Rolle des 944 Turbo Cup bei den diversen Markenpokalen in Europa.

Als radikale Entwicklung aus dem 911 Carrera 2 bediente sich der RS zum ersten Mal seit dem 924 Carrera GT von 1980 wieder des Carrera-Schriftzuges als Sinnbild für eine Leichtbau-Sportversion. Schon bei der Vorstellung auf dem Pariser Salon 1990 wurde die ganze Serie verkauft.

Porsche-Modellen mit dem Carrera-Schriftzug entgegen gebracht worden war. Das Experiment schien für Porsche umso attraktiver zu sein, da sich die Firma den RS deutlich teurer als sein Basismodell, den Carrera 2, bezahlen ließ. Dieser war – mit der Codenummer 964 – 1988 erschienen, als jüngste und, seit dem Debüt des 911 im Jahre 1963, am umfangreichsten veränderte Version. Seit jenem Datum hatte der 911 keine grundlegenden Änderungen erfahren; nun aber verlangte eine neue Zeit nach einem rundum erneuerten Elfer, der den gestiegenen Anforderungen an Sicherheit, Fahrverhalten und Leistungsfähigkeit genügen musste. Der technische Fortschritt machte einen 911 möglich, der mit Allradantrieb und ABS aufwarten konnte, dessen klassische Linie jedoch nur leichte Retuschen zu erfahren brauchte. Abgesehen von einem stärker geneigten Leuchtenband am Heck und von voluminöseren Stoßstangen zog es Porsche aus Prestigegründen vor, die zeitlose Form des Elfers unangetastet zu lassen.

Nach klassischer und bewährter Manier hielt sich der Carrera RS an das Rezept, das schon im Falle des 911 Carrera RS 2,7

Als reines Rennfahrzeug gedacht,

verzichtete der 911 Carrera RS auf alle über-
flüssigen Pfunde und erwies sich dank einer
nahezu perfekten Gewichtsverteilung als
besonders gut liegend.

liter mit 130 PS begonnen, war im Carrera RS 2,7 bei 210 PS und im Carrera 3.2 bei 231 PS angelangt. Im 964 hatte man die Bohrung von 95 auf 100 mm und den Hub von 74,4 auf 76,4 mm erhöht; das ergab 3,6 Liter und 250 PS, die man zwar im Falle der Carrera 2 und 4 für angemessen hielt, für den exklusiven RS musste es aber schon etwas mehr sein. Durch Eingriffe ins elektronische Motormanagement und den Einbau schärferer Nockenwellen steigerte man Leistung und Drehmoment geringfügig auf 260 PS bzw. 32 mkg bei 5200/min. Um sonderserienwürdige Beschleunigungsvorgänge zu ermöglichen, wurden die unteren zwei Gänge des Fünfganggetriebes kürzer übersetzt. So erreichte man die 100 km/h im RS nach 5,3 statt nach 5,7 Sekunden. Unsere Übersicht wäre unvollständig, würden wir nicht noch die Modifikationen am Chassis streifen. Als straßengängige Version des 911 Cup erhielt der RS eine um 40 mm niedriger liegende Karosserie, um den Auftrieb am Vorderwagen zu reduzieren, und straffer abgestimmte Federn. Da die Kosten keine Rolle spielten, erhielt der RS auch Bremsen, die seiner Kraft gewachsen waren: vier gewaltige Scheiben mit je vier Bremskolben, vorne vom 911 turbo und hinten vom 911 Cup stammend. Makellos auf der Rennstrecke, schrecklich hart auf der Landstraße und immer aufregend zu fahren, vermittelte der Carrera RS seinen wenigen Besitzern echtes Rennsport-Feeling. Im ständigen Gebrauch nicht wirklich ausgewogen, bleibt dies der 911 für den extremen Enthusiasten.

Diese zweite Evolution des Carrera-Mythos, der Carrera RS von 1992, belebte die Leichtbau-Tradition des Hauses Porsche neu. Später führten der 911 Carrera RS des Jahres 1995 und der 996 GT3 aus dem Jahre 1999 die berühmte Reihe fort.

funkioniert hatte. Dank einer Abmagerungskur und einer Vitaminspritze bot der RS ausgesprochen sportliches Temperament. Die Gewichtsreduktion um 160 auf nunmehr 1220 Kilogramm erreichte man durch einige Modifikationen an der Karosserie, vor allem durch die Verwendung einer Fronthaube aus Aluminium, von Magnesiumfelgen sowie den Entfall der Nebelscheinwerfer. Vor allem innen aber schmolzen die Pfunde weg – durch die radikale Vereinfachung der Ausstattung. Im Zeichen des Sports musste man in dem extrem einfach gehaltenen Interieur auf vielerlei Annehmlichkeiten verzichten: Rücksitzbank, Geräuschdämmung, Heckscheibenheizung, Zentralverriegelung, elektrisch verstellbare Spiegel und Fenster, Innenraumbeleuchtung, Klimaanlage, automatische Heizungsregelung, Servolenkung, Radio... Darüberhinaus erhielt der Carrera RS händisch verstellbare Recaro-Rennsportsitze, bezogen mit extraleichtem Leder, und eine einfache Stoffschlaufe diente dem Schließen der Türen. Die Instrumentierung entsprach derjenigen des Carrera 2.

Der Sechszylinder-Saugmotor hatte seine Laufbahn als Zwei-

Ein Hauch von Rennsport

Sein ganzes Leben über blieb der Porsche 944 Opfer von Vorurteilen. Selbst mit seinem vollgültigen Porsche-Motor hegten manche Hartnäckige immer noch Zweifel an seiner Echtbürtigkeit, vor allem angesichts der Lage des Motors, die so gar nicht dem Schema im 911 entsprechen wollte. Gleichwohl handelte es sich beim 944 Turbo mit seinem aufgeladenen 2,5-Liter-Triebwerk um einen der besten Porsche der ausklingenden achtziger Jahre. Um der japanischen Konkurrenz Herr zu werden und den Vierzylindermodellen neues Leben einzuhauchen, musste der Ende 1991 als Nachfolger des 944 vorgestellte 968 seine Verwandtschaft zu 911 und 928 stärker unter Beweis stellen.

Zwei Porsche in einem, so zeigte sich der 968; eine Prise 928, ein Hauch 944. Ohne echte Nachteile zu besitzen, blieb der 968 sein Leben lang ein Zwitter und der arme Verwandte in der Porsche-Familie. Das lag sicher nicht an seiner äußeren Gestalt, die als Musterbeispiel für ein Auto seiner Art dienen konnte und dem 911 angenähert war. Auch sonst hatte der 968 alles, was er brauchte. Oder fast alles. Denn das Wichtigste fehlte: ein edler Motor, der vom GT-Fan so sehr geschätzt wird. Die Gemeinde der Sportwagenfreunde zeigte sich denn auch sichtlich überrascht, dass Porsche beim 968 am Vierzylinder festhielt, wurde doch in dieser

Wagenklasse der Sechszylindermotor als obligatorisch angesehen. Immerhin aber handelte es sich um den hubraumstärksten und kräftigsten Vierzylinder-Sauger der Welt. Ein weiterer Porsche-Rekord auf dem Gebiet der Technik.

104 mm Bohrung und 88 mm Hub ergaben 2990 cm³, aus denen sich dank einer variablen Nockenwellensteuerung, welche auf den schönen Namen VarioCam hörte, 240 PS bei 6200/min zaubern ließen. Der große Hubraum verhalf dem 968 auch zu einem seiner starken Punkte, dem eminenten Drehmoment von 31,1 mkg, das bei 4100 Touren anfiel; damit lieferte der Sechzehnventiler einen Wert, der ähnlich großen Sechs- oder Achtzylindern überlegen war. Einen Gutteil des Fahrvergnügens steuerte das neue Sechsganggetriebe bei. Das Ergebnis: 247 km/h Spitze, die stehenden 400 Meter in 14,6 Sekunden. Jenseits bloßer Zahlenwerte machte das außergewöhnliche Fahrwerk den 968 zu einem der besten Autos seiner Zeit. Die hervorragende Straßenlage verdankte sich zum großen Teil dem

305 PS, ein teuflisches Drehmoment von 500 Nm bei 3000/min und über 280 km/h Spitze, dafür stand der 968 Turbo S.

Auch vom 968, der nie auf die erhoffte Gegenliebe stieß, entwickelte

Porsche eine veritable Rennsportversion. Der 968 Turbo S war eine

Zeitlang sogar der stärkste Porsche in der Preisliste.

Transaxle-Prinzip, demzufolge das Getriebe an der Hinterachse liegt; das sorgt für eine perfekte Gewichtsverteilung zwischen Vorder- und Hinterachse.

Für die Krönung des Ganzen sorgten die überdimensionalen Bremsen: 300 mm messende Scheiben mit vier Bremskolben und ABS erlaubten ganz erstaunliche Verzögerungswerte. Von diesem beeindruckenden Auto präsentierte Porsche 1993 eine Leichtbau-Version namens 968 CS (Clubsport); obwohl die Leistung nicht erhöht wurde, musste der CS gewichtsmindernde Maßnahmen à la 911 Carrera RS über sich ergehen lassen. Daraus entwickelten die Ingenieure in Weissach eine Version für den ADAC GT-Cup. Von diesem 968 Turbo RS gab es dann wiederum eine Straßenversion, den 968 Turbo S. Für unsere Fotos haben wir das einzige in Frankreich existierende Exemplar aufgespürt. Trotz seines unscheinbaren Äußeren handelt es sich beim 968 Turbo S um einen reinrassigen Rennsportwagen, der mit KKK-Lader und Ladeluftkühlung 305 PS leistet. Der Vierzylinder verfügt über einen konventionellen Achtventil-Zylinderkopf.

Den heiligen Porsche-Traditionen folgend, ist der Turbo S 20 mm tiefergelegt und verfügt über härter tarierte Federn und die Bremsanlage des 911 turbo S mit gelochten Bremsscheiben und je vier Bremskolben. Von außen am verstellbaren Heckspoiler erkennbar, unterscheidet sich der Turbo S von seinen Geschwistern durch Sitzschalen aus Kunststoff und manuelle Kurbelfenster. Der 70 Kilo leichtere Turbo S erreicht natürlich hervorragende Fahrwerte: knapp fünf Sekunden für den Sprint auf 100 km/h und eine Spitze von 280 km/h.

Als Höhepunkt der 968-Reihe in punkto Sportlichkeit und Fahrfreude ist der Turbo S ein ästhetischer Genuss von geringer Auflage.

Auch auf der Piste gab der 968 Turbo S
des öfteren eine gute Figur ab;
Nummer 58 griff 1994 in Le Mans unter
Owen-Jones/Bscher/Nielsen in der
GT-Klasse die 3,8 RSR an.

Dieses Pressefoto der Rennsportwagen für die
Saison 1993 zeigt den 968 Turbo RS, die
Rennversion des 968 Turbo S, in guter Gesellschaft
neben den 911 3,8 RSR und dem Turbo S LM,
einem Einzelstück.

PORSCHE 911 3,8 RSR

Die Wiedergeburt des GT

Anfang der neunziger Jahre eröffneten sich Porsche mit der

Wiedereinführung der GT-Langstreckenrennen neue

Möglichkeiten. Der 3,8 RSR wurde über 50 Mal gebaut und

errang in Privathand gute Resultate.

Tief ist der Brunnen der Vergangenheit; doch wiederholt sich die Geschichte tatsächlich immer aufs Neue? Nach dem Aus der Sportwagen-Weltmeisterschaft im Jahre 1992 gab es auf internationaler Ebene Bestrebungen, die Langstreckenrennen für GT-Wagen wieder aufleben zu lassen und somit zu den Wurzeln des Sports zurückzukehren. War der WM-Titel im Jahre 1962 nicht für die Gran Turismos reserviert gewesen? Und so kehrten dreißig Jahre später die GT auf die Bühne zurück. Obwohl damals noch kein international gültiges Reglement für diese Kategorie vorhanden war, beschloss Porsche Ende 1992, sich dieser halboffiziell angekündigten Serie offiziell zu widmen. In Stuttgart war man überzeugt davon, durch ein neuerliches Engagement in dieser seriennahen Rennklasse, wodurch einst Ruf und Ruhm der Marke gefördert worden waren, die Pleiten in der Formel 1 und der Indycar-Serie vergessen machen und werbewirksam die Langstreckenqualitäten und die Leistungsfähigkeit der von der Serie abgeleiteten Sportmodelle unterstreichen zu können. Und so entwickelte die Rennabteilung in Weissach im Winter 1992 zwei neue Renn-Elfer, die von den zuvor in der IMSA SuperCar-Serie gesammelten Erfahrungen mit dem Carrera RS und dem Turbo profitierten. Zwar blieb der 911 turbo S LM, der für das Werk in Le Mans antrat, ein Einzelstück, doch vom 911 Carrera 3,8 RSR mit Saugmotor, der eine Sportableitung des bekannten 3,8 RS darstellte, wurden 55 Exemplare produziert. Diese Wagen, die im Februar 1993 auf dem Circuit Paul Ricard ihren Einstand feierten, erinnerten mit dem imposanten Heckspoiler und den ultragroßen Felgen (vorne 24/64 x 18, hinten 27/65 x 18) stark an den berühmten 934 des Jahres 1976.

Auf dem Carrera 3,6 RS und den Verbesserungen am Carrera Cup aufbauend, und im Übrigen von den Jahrzehnte langen Rennsporterfahrungen des Hauses profitierend, gingen die ersten vier RSR bei den 24 Stunden von Le Mans 1993 an den Start; nämlich in der Gruppe 4, der GT-Klasse.

Von allen 911 3,8 RSR war Chassis Nummer 6074, für das französische Team Larbre Compétition fahrend, wohl das erfolgreichste Exemplar; besonders bemerkenswert waren zwei Klassensiege in Folge in der GT-Klasse bei den 24 Stunden von Le Mans. 1993 gelang dies dem Trio Dupuy/Gouhier/Barth, im Jahr darauf Dominique Dupuy zusammen mit den Spaniern Pareja und Palau.

Diese Autos, hochgetunt und voll auf den Rennsport hin ausgerichtet, standen mit DM 270.000,- in der Werkspreisliste und galten als Ableitung vom regulär käuflichen und homologierten 3,8 RS. Allerdings hatte man den Hub auf 102 mm erhöht, somit betrug der Hubraum 3745 cm³ und die Leistung satte 350 PS. Vom Motor des Carrera 3,6 unterschied sich diese Maschine ferner durch die Einzelbeatmung aller sechs Zylinder über sechs getrennt voneinander operierende Drosselklappen, durch die Verwendung der Bosch Motronic 2.10 und den Einbau eines Doppel-Ölkühlers.

Unser Fotoexemplar mit der Chassisnummer 6074 lief in den Farben von Monaco Média International und rollte, von Larbre Compétition präpariert, erst vier Tage vor dem letzten Abnahmetermin für Le Mans auf die Rennstrecke. Formel-1-Altmeister Jean-Pierre Jarier sollte den Wagen eigentlich fahren, konnte aber am Ende nicht antreten und musste das Steuer von 6074 Dominique Dupuy überlassen. Mit dem Le-Mans-Spezialisten Joel Gouhier und dem erfahrenen Jürgen Barth, dem Kundensportbetreuer des Hauses Porsche und Le-Mans-Sieger des Jahres 1977, standen Dupuy zwei ausgezeichnete Ratgeber für den Langstrecken-Klassiker an der Sarthe zur Verfügung. Im Training gab der Sieger des französischen Carrera-Cups des Jahres 1992 eine Kostprobe seines außergewöhnlichen Talents und deklassierte mit 4'22''96 min Jesus Pareja, den spanischen zweiten Fahrer des Larbre-Teams, um nicht weniger als sieben Sekunden. Trotz des hohen Tempos, das die neuen Jaguar XJ 220C vorgaben, hielt das Fahrertrio seine Nummer 47 im Zeitplan und verbrachte nur wenig Zeit in der Box. Der Lohn für diese effiziente Arbeit bestand am Sonntagmorgen in der Führung in der GT-Klasse. Dann begann der einzige verbliebene Jaguar eine fulminante Aufholjagd, welcher der RSR schließlich nachgeben musste. Einen knappen Monat nach dem Rennen wurde das englische Auto allerdings disqualifiziert, so dass der 911 nachträglich zu Ruhm und Ehren kam, passend zum dreißigsten Geburtstag des Porsche-Klassikers.

Einige Wochen darauf nahm 6074 an den 24 Stunden von Spa-Francorchamps in den Ardennen teil. Dort schied der von Dominique Dupuy, Jesus Pareja und Joel Gouhier gesteuerte RSR aber mit Getriebedefekt aus.

Ende 1993 fand der 911 RSR in der neuen BPR-GT-Rennserie (was für Jürgen Barth, Patrick Peter und Stéphane Ratel stand) ein neues Betätigungsfeld; unter Dupuy/Leconte gab es in der GT2-Klasse einen Klassensieg und zugleich den dritten Gesamtrang bei den 500 Kilometern von Paul Ricard 1994 und später unter Chereau/Yver/Leconte einen dritten Platz in der GT2-Klasse bei den 500 Kilometern von Jarama des selben Jahres. Doch die Wiederholung des Vorjahreserfolges in Le Mans blieb natürlich oberste Aufgabe für 1994. Wild zum Double entschlossen kam das Team, unter Leitung Jack Lecontes, nach Le Mans. Doch trotz der auf 370 PS erhöhten Leistung und der Unterstützung durch Michelin war die Konkurrenz, zu der nun auch die Honda NSX, Lotus Esprit und Callaway Corvette zählten, in den vergangenen 12 Monaten in hohem Maße erstarkt. So schienen die Aussichten denn recht trübe zu sein. Das bestätigte sich im Training, als 6074 unter Dominique Dupuy, der diesmal mit den Spaniern Jesus Pareja und Carlos Palau zusammen fuhr, wegen Getriebeproblemen nur den sechsten Platz in der GT2-Klasse erreichte. Im Rennen freilich lief es günstiger. In den ersten Stunden setzte sich der Wagen, wie erhofft, an die Spitze des GT2-Feldes. Die geringen Abstände zwischen den Konkurrenten führten zu einem heißen Rennen. Im Laufe der Stunden setzte sich der 3,8 RSR langsam ab und

hielt selbst die nominell stärkeren GT1-Wagen, mit Ausnahme des siegreichen Dauer-Porsche, auf Distanz. In der sechzehnten Stunde lag die Nummer 52 des Teams Larbre Compétition gar auf dem sechsten Gesamtrang, ehe ihn die Prototypen einholten. Am Ende erfüllte das Fahrertrio seinen Auftrag, gewann die GT2-Klasse und belegte den achten Gesamtrang. Verglichen mit 1993, brachte es der RSR sogar zuwege, in den 24 Stunden 42,167 Kilometer mehr zurückzulegen als zuvor unter Dupuy/Barth/Gouhier.

Nach diesen herausragenden Erfolgen bereitete sich 6074 auf den wohlverdienten Ruhestand vor, zumal er mit den leistungsstärkeren und moderneren Konkurrenten nicht mehr so recht mitzuhalten imstande war. Zuvor aber konnte er noch einmal, wenn auch auf niedrigerem Niveau, glänzen. Bei der neuen französischen Meisterschaft für GT-Wagen fand 6074 noch einmal auf die Piste zurück. Eine Saison lang erstritt das Fahrzeug unter den Gentleman-Fahrern Jean-Louis und Jérome Miloé gute und zuweilen auch sehr gute Plätze, bevor der Weg endgültig in Richtung Museum führte. So endete die Laufbahn von 6074, dem erfolgreichsten Exemplar unter allen 3,8 RSR.

Der 3,8 RSR war die Rennversion des straßentauglichen 911 Carrera RS von 1992 und leistete in seiner letzten Version mit Spezial-Benzineinspritzung 350 PS.

155

Der Achter

Die Übernahme des Porsche-Chefsessels durch Professor Ernst Fuhrmann, der Rückzug der Familie Porsche, die drakonischen amerikanischen Sicherheitsvorschriften, die dem 911 mehr und mehr zu schaffen machten – alles das bedeutete zu Beginn der siebziger Jahre einen tiefen Einschnitt für die Firma. Auch machte der Vorstand keinen Hehl aus seiner Absicht, der 911-Monokultur ein Ende zu setzen. Zu diesem Zweck ging man von einem Viersitzer-Entwurf aus, den man zuvor für Volkswagen angefertigt hatte. Zum Einen sollte der 924 die Modellpalette nach unten hin erweitern, zum Anderen diente der 928 nach oben hin als Sportwagen von hohem Nutzwert: eine Art Super-911 mit Frontmotor und hinten liegendem Getriebe, beide Bauteile, dem Transaxleprinzip folgend, mit einer starren Welle verbunden.

Zwischen dem 8. November 1971, als Professor Fuhrmann den Startschuss zum Projekt 928 gab, und dem offiziellen Vorstellungsdatum, dem 1. Mai 1977, musste Porsche allerdings mit den Auswirkungen der Ölkrise des Herbstes 1973 fertig werden. Das gelang glücklicherweise rasch und man hielt am 928 als archetypischem GT-Wagen fest. Das sollte

Als mustergültiger Langstrecken-GT

war der 928 Ferry Porsches Favorit.

156

In Le Mans 1983 lief ein 928 S in Kundenhand und erreichte immerhin den 22. Platz.

Der 928 GTS bot vier Personen Raum und flüsternde 270 km/h Spitze.

sich am Ende als gerechtfertigt erweisen, auch wenn der 928 den 911 nie ersetzte oder verdrängte, wie Teile des Managements erwartet hatten.

Zunächst einmal sprechen die Zahlen für sich: 8 Zylinder in V-Form, 4,5 Liter Hubraum, Preis: DM 55.000,-, also fast anderthalbmal so teuer wie ein zeitgenössischer 911.

Die Karosserie überraschte nicht weniger als die technische Konzeption. Auf den flüchtigen Betrachter wirkt der 928 wie ein aufgeblasener und abgerundeter 924. Das ganze Design zeichnet sich aber durch eine außergewöhnliche Reinheit aus und ist das Werk von Wolfgang Möbius, der in der hauseigenen Stylingabteilung unter Anatole Lapine tätig war. Typisch waren die Absenz sichtbarer aerodynamischer Hilfsmittel und die in die Karosserie integrierten Stoßfänger. Diese bestanden vorne wie hinten aus einem in Wagenfarbe lackierten Polyurethan-Teil, das aufpralldämpfende Elemente verbarg; diese vertrugen Stöße bis zu 23 km/h ohne Deformation. Die selbsttragende Karosserie bestand aus Stahlblech, die bauchigen vorderen Kotflügel, die Motorhaube und die Türen hingegen aus Aluminium.

Auch das Chassis ist aller Achtung wert. Für hohen Komfort und gute Straßenlage sorgte die sogenannte Weissach-Achse mit Federbeinen. Die Radführung erfolgte vorne über zwei Dreieckslenker, hinten über Querlenker, Schubstreben und Schraubenfedern.

Beide Achsen besaßen einen Stabilisator. Auch neu: die innenbelüfteten Bremsscheiben mit Schwimmsätteln.

Am meisten Aufsehen erregte allerdings der wassergekühlte V8-Motor. Die sehr kompakt bauende Alu-Maschine – 95 mm Bohrung, 78,9 mm Hub – leistete aus 4474 cm³ relativ bescheidene 240 PS bei 5250/min. Man legte größeren Wert auf runden Lauf, Elastizität und Geschmeidigkeit als auf reine Leistung. Die Benzinversorgung übernahmen zwei elektrische Benzinpumpen und die Bosch K-Jetronic. Innen zeigte sich der 928 raffiniert ausgestattet und von einem funktionsbetonten Komfort, wie man ihn sonst nur aus Luxuslimousinen

kannte. Man schuf eine Art Schlaraffenland aus Perfektion und Effizienz.

Allgemein wurde der 928 als Maßstab für die Sportwagen der achtziger Jahre gewertet und errang 1978 den begehrten Ehrentitel „Auto des Jahres". Langlebig war der 928 auch: in 18 Jahren liefen 61.448 Exemplare vom Band, für ein Auto dieses Zuschnittes ein mehr als respektables Ergebnis.

Im Laufe seines Lebens wurde der 928 immer wieder durch kosmetische und technische Auffrischungen up to date gehalten. Erste Evolutionsstufe war der 928 S des Jahres 1979. Dieser leistete mit seinem auf 97 mm aufgebohrten, jetzt 4664 cm^3 messenden V8 300 PS bei 5900 Umdrehungen. Zugleich wuchs das Drehmoment von 37 mkg bei 3600/min spürbar auf 39,2 mkg, die allerdings erst bei 4500 Touren anfielen. Desweiteren erkannte man den 928 S am Spoilerwerk, den geschmiedeten Alufelgen und der noch luxuriöseren Ausstattung. Im beispiellosen Streben nach absoluter Hochleistung gewann der 928 S 1984 weitere 10 PS hinzu; dafür verwendete man nun die neue Bosch LH-Jetronic. ABS war nun erstmals gegen Aufpreis erhältlich. 1987 erschien der 928 S4, der aus 5 Litern Hubraum (die Bohrung betrug nunmehr 100 mm) und mit Hilfe eines Vierventilkopfes 320 PS leistete. Als stärkster und modernster 928 erhielt der S4 überarbeitete Scheinwerfer und Heckleuchten sowie einen neuen Heckflügel. Zwei Jahre darauf kam der 928 GT heraus, der als sportliche Variante mit schärferen Nockenwellen wiederum 10 PS mehr leistete. Ende 1991 erschien der ultimative 928 mit neuen Superlativen: 5397 cm^3 Hubraum, 85,9 mm Hub, 350 PS, Drehmoment 51 mkg bei 4250/min. Dieser GTS bot alle jüngsten Errungenschaften der Technik und sollte der letzte in der Reihe der 928 bleiben. 1995 lief die Serie aus.

Der polarisierende allzu glatt wirkende 928 war nichtsdestoweniger ein Wagen von bester Güte, ein formidabler Kilometerfresser. Ferry Porsche ließ sich nicht täuschen und betrachtete den 928 als seinen Lieblingsporsche.

Bis zum kommenden Allradler Cayenne bleibt der 928 der einzige Porsche mit Achtzylindermotor. Hier die 350 PS starke Maschine des 928 GTS.

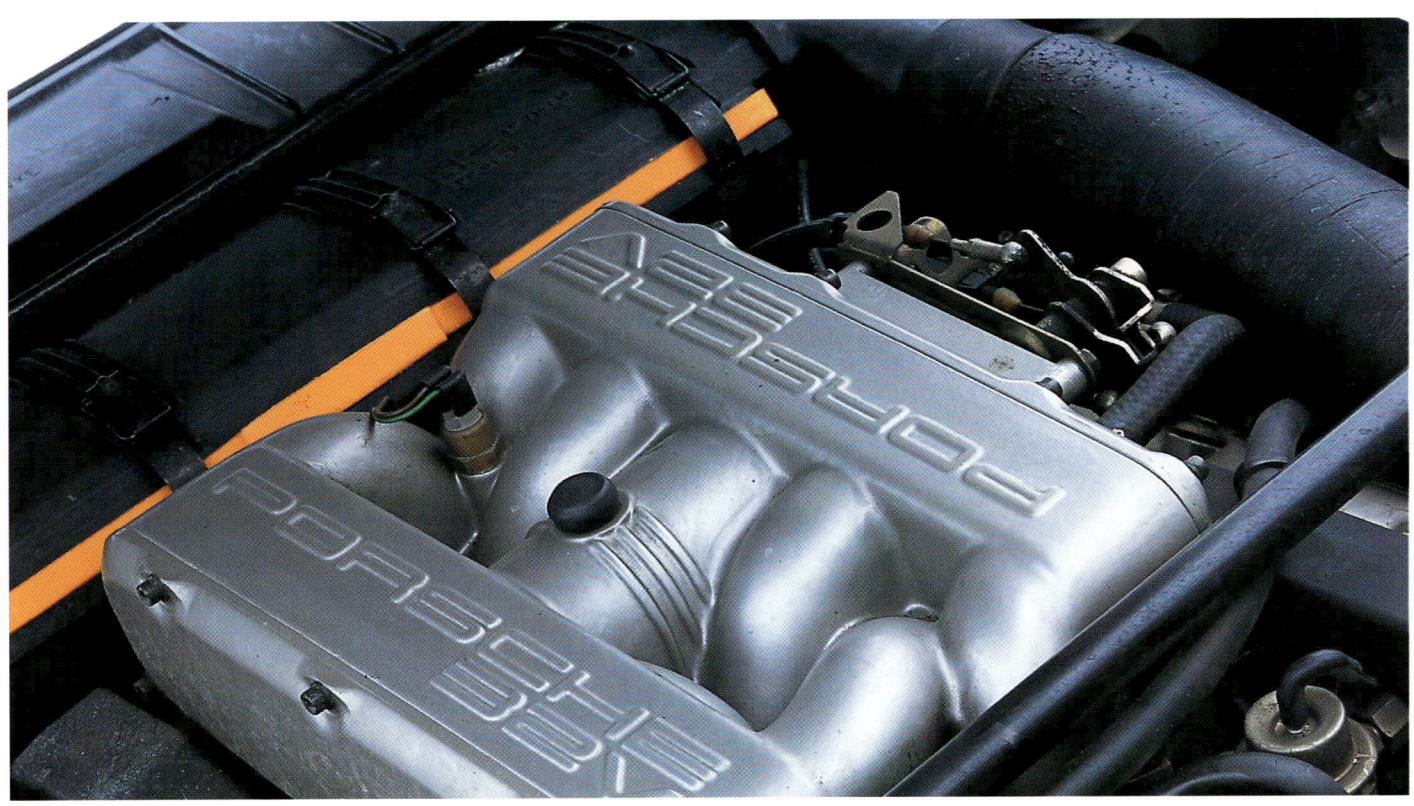

Das Ende einer Epoche

Dank regelmäßig durchgeführter Verjüngungskuren zeigte sich der 911 in einem solchen Grade stets auf der Höhe der Zeit, dass die Jahrzehnte scheinbar spurlos an ihm vorüber zogen. Seine Karriere ist in der Geschichte des Automobilbaus beinahe beispiellos. Der unbestreitbare Erfolg der 911-Reihe ist allerdings ein zweischneidiges Schwert. Als Herzstück des Porsche-Mythos muss er schlechterdings reüssieren. Wie sollte es auch anders sein? Bei einem Modell, von dem der Bestand der Marke abhängt und das 70% der Produktion ausmacht, kann man sich keinen Misserfolg leisten. Unter so gearteten Umständen beschloss man Anfang der neunziger Jahre, am 911 festzuhalten. Nach dreißig Jahren treuen Dienstes spendierte man dem Hoffnungsträger feinste neue Technik.

Mehr denn je war die Aufgabe der Ingenieure von besonders delikater Natur, denn laut Lastenheft war oberste Pflicht, die Besonderheiten des 911 unangetastet zu lassen. Porsche machte alle Kritiker mundtot und brachte auf der Frankfurter IAA im September 1993 einen neuen Elfer, der die klassische Linie bewahrte, aber vor neuen Technologien barst. Das Motto der Präsentation gab den Ton an: „Sie glauben den Elfer zu kennen, aber Sie werden ihn nicht wiedererkennen." Mit Umsicht und Sorgfalt ging Porsche weiter als

je zuvor und präsentierte einen 911 Carrera, der die wichtigsten und tiefstgreifendsten Änderungen seit Einführung des Modells aufwies. Unter Leitung Harm Lagaays bewahrte der Neuling die klassische, konzeptbedingte Form seiner Vorläufer. Aus jedem Blickwinkel war er eindeutig als 911 zu erkennen. Die ausgestellten Kotflügel machten breitere Spurweiten möglich, vorne um 25, hinten um 65 mm. Ohne seines Charakters verlustig zu gehen, gönnte sich der 911 stilistische Anleihen beim 959 und 968. Die Silhouette präsentierte sich also klassisch, doch unter dem Blech gab es viel Neues. Hauptziel der Änderungen waren bessere Straßenlage, höherer Komfort und mehr Fahrvergnügen. Der 911 lag nun makellos, denn die Unzuträglichkeiten, die sich aus der Heckmotorauslegung ergaben, hatte man größtenteils gemeistert. Das Hauptlob galt dabei der neuen Mehrlenker-Hinterachse und weiteren Änderungen am Heck. Auch die Fahrleistungen stiegen deutlich, verbaute man nun doch einen 3,6-Liter-Boxer, der 272 PS bei 6100 Touren leistete und ein Drehmoment von 33,6 mkg bei 5000/min aufbieten konnte. Weitere Highlights waren das Sechsganggetriebe und ein weiter optimiertes Bremssystem: 304 mm messende, gelochte und innenbelüftete Scheiben mit Vierkolbensätteln aus Aluminium, ferner das

Aus Anlass des dreißigsten Targa-Geburtstages füllte Porsche ab
der IAA 1995 die alte Bezeichnung mit neuem Leben; das
abnehmbare Dachteil wich einem riesigen Glasschiebedach.

Neben dem 911 Targa war der Carrera S die größte Neuheit in der 993-Palette. Seine Merkmale: muskulöse Flanken, 17 Zoll messende Cup-Felgen und zweigeteiltes Grillgitter in der Motorhaube. Lieferbar war der S mit manuellem Sechsganggetriebe oder der Tiptronic, die einen Automatik- und einen manuellen Modus besaß.

Wie alle 911 erhielten auch 911 Targa, Carrera S und Carrera 4S ab 1995 das VarioCam-System, das die Leistung auf 286 PS bei 6100/min und das Drehmoment auf 340 Nm bei 5250/min steigerte.

ABS der fünften Generation, das hier seine Weltpremiere feierte.

Der neue Elfer bot nicht nur Leistung pur, sondern auch eine hervorragende Straßenlage, insbesondere in der Anfang 1995 herausgekommenen Version mit Allradantrieb. In diesem glücklichen Moment, als die Firma das einmillionste Auto feiern konnte, brachte man neue Varianten vom 911. Auf der IAA im September 1995 stellte man, aus Anlass des dreißigsten Geburtstages des patentierten Targa-Konzeptes, dem Coupé und dem Cabrio einen gänzlich neuen Targa zur Seite, der mit dem früheren Modell mit Überrollbügel und riesiger, stark gewölbter Heckscheibe nichts mehr zu tun hatte. Stattdessen bot der neue Targa, der im Profil dem Coupé sehr stark ähnelte, ein gewaltiges Glasdach, das sich weit öffnen ließ und fast Cabrio-Feeling vermittelte. Der 993 Targa, der über modellspezifische 17-Zoll-Felgen verfügte, besaß auch schon die jüngste Motorvariante des Elfer. Die variable Nockenwellensteuerung namens VarioCam erhöhte Leistung und Drehmoment nicht unbeträchtlich.

Um das emotionale Band zur geschätzten Kundschaft zu ver-

stärken, brachte Porsche im dritten Quartal 1995 eine weitere Neuheit, den Carrera 4S. Diese allradgetriebene Variante bot Bremsen, 18-Zoll-Felgen und die breiten Backen des zeitgenössischen 911 turbo. Durch den Erfolg des 4S bestätigt, stellte man 1996 einen zweiradgetriebenen Zwilling vor, den Carrera S. Um den betont sportlichen Charakter dieser beiden Modelle zu unterstreichen, ging der Turbo-Look mit einer tiefergelegten Karosserie einher. Als letzte, noble Vertreter der alten Baureihe sollten diese Modelle das Jahr 2000 nicht mehr erleben. Zwar blieben sie auch nach Vorstellung des neuen 996 noch eine Zeitlang parallel zu diesem in Produktion, liefen dann aber aus, nicht ohne den starken Eindruck zu erwecken, dass ihr Ruhestand ein wohlverdienter war.

PORSCHE 911 GT1

Weissachs
Visitenkarte

D ie größere Rolle, welche die GT-Wagen Mitte der 90er-Jahre wieder spielen durften, erlaubte Porsche, das geballte Wissen, das man in dieser Klasse erworben hatte, unter Beweis zu stellen – dies in Gestalt des 911 GT2. Trotz seiner guten Anlagen und seiner außerordentlichen Zuverlässigkeit, konnte sich der GT2 in punkto Kraft mit den Rivalen der GT1-Klasse naturgemäß nicht messen, namentlich den Ferrari F40 und den McLaren F1 GTR, der ja auch die 24 Stunden von Le Mans gewonnen hatte. Dieser Zustand konnte natürlich nicht andauern, und so entwickelte das Werk unter der Ägide von Rennleiter Herbert Ampferer und Projektleiter Norbert Singer ein Auto, das bei den GT1-Wagen die Spitze erobern sollte.
Dieser 911 GT1, der bis zu den 24 Stunden von Le Mans 1996 fertig sein sollte, war heftig umstritten. Radikal in Ausführung und Silhouette, schien es sich beim GT1 eher um ei-

Vor dem Le-Mans-Sieg 1988 holte sich Porsche durch das Team Larbre Compétition den zweiten Platz bei den 24 Stunden von Daytona; am Steuer saßen Goueslard/Bouchut/Ahrlé/Rosenblad.

Le Mans 1997. In den ersten Stunden bestimmten die 911 GT1 das Geschehen, doch weder Stuck/Wollek/Boutsen noch Dalmas/Collard/Kelleners sahen die Zielflagge (links).

1998 gewann Porsche wieder in Le Mans. Diesen sechzehnten Sieg holte sich das Trio McNish/Aiello/Ortelli (oben).

nen Prototypen als um einen für die Rennstrecke modifizierten Serienwagen zu handeln. Außerdem gab es die Rennversion früher zu kaufen als das Serienmodell. Um dem Gerede ein Ende zu setzen, sah sich Porsche genötigt, einen GT1 mit Zulassungskennzeichen an die Sarthe zu schicken. Der gesamte Vorderwagen entsprach in hohem Maße dem Serien-911. Antrieb und Hinterachse hingegen, die sich stark an den Gruppe-C-Porsche orientierten, waren völlig neu. Der sechszylindrige, wassergekühlte Biturbo-Boxer war von den Motoren im 962 und 959 inspiriert und entwickelte 600 PS bei 7200/min und ein phänomenales Drehmoment von 650 Nm bei 5500/min. Die Zylinderköpfe waren aber nicht, wie am 962, dreiteilig ausgeführt, sondern bestanden aus je einem Stück. Die vier obenliegenden Nockenwellen des für eine Kleinserienfertigung vorgesehenen GT1 wurden über zwei Ketten angetrieben.

Wo sich der GT1 am stärksten von der Konkurrenz abhob, war auf dem Gebiet der Aerodynamik, wie schon ein Blick auf seinen imposanten Heckflügel verrät. Stark auch die Bremsen, die aus 100 km/h Verzögerungswerte von über 1g erreichten. Die ganze Technik war darauf ausgelegt, Leistung und leichte Bedienbarkeit zu garantieren: übereinanderliegende Dreieckslenker, Carbonbremsen, ABS und Servolenkung. In Le Mans beherrschten die beiden angetretenen GT1 das Rennen.

Unter der tadellosen Leitung von Hans Stuck kamen die Wagen unter Stuck/Boutsen/Wollek und Dalmas/Wendlinger/Goodyear auf die Plätze zwei und drei im Gesamtklassement. Diesem Sieg in der GT-Klasse folgten weitere Erfolge in der BPR-Serie. Der GT1 gewann alle drei Rennen, bei denen er 1996 noch antrat.

Im Rahmen der von Mercedes dominierten FIA-GT-Meisterschaft des Jahres 1997 gelang es dem GT1, Le Mans zu gewinnen, in stark modifizierter Form, was die sechs Kunden, die mit dem Vorjahresmodell antraten, zu Statisten verdammte. Geändert wurden die hinteren Kotflügel und die Frontpartie, die jetzt flacher ausgeführt und der Front der auf der IAA 1997 vorgestellten neuen Boxster und 996 angenähert war. Ferner wurden die vordere Spur um 10 cm verbreitert, das Fahrwerk überarbeitet und das Triebwerk noch stärker gemacht. Diese Änderungen zeigten umgehend, ab Beginn der Le-Mans-

Die erste Version des 911 GT1 gelangte niemals in den Verkauf. Erst 1999 konnte man den in Kleinserie auf

Sonderwunsch gefertigten Über-Porsche mit der wilden Optik für sagenhafte 1,55 Mio. DM erwerben.

Testfahrten Anfang Mai, ihre Wirkung und erlaubten dem GT1, die Konkurrenz in Grund und Boden zu fahren. Im Rennen selbst lag die Nummer 25 unter Wollek/Stuck/Boutsen vor der Nummer 26 mit Dalmas/Kelleners/Collard, die pro Runde gut eine Sekunde verloren. Mit dem Doppelsieg in Aussicht, schlug das Schicksal zu: am Sonntagmorgen brachte ein Abflug Wolleks die Nummer 26 in Führung. Und um 13 Uhr 44 fing dann der GT1 mit Kelleners am Steuer auf der Hunaudières-Geraden Feuer.

1998 feierte Porsche fünfzigsten Geburtstag und trat in Le Mans mit einem aufgestockten Team an. Zwei ex-Joest-Prototypen verstärkten die beiden abermals modifizierten Werks-GT1. Um sich Vorteile in punkto Gewicht und Steifigkeit zu verschaffen, war das Chassis erstmals in Kohlefasertechnologie ausgeführt. Unter der stark überarbeiteten Hülle des GT1-98 verbargen sich ein auf 3196 cm³ vergrößerter Boxermotor und das neue, in Stuttgart entwickelte sequenzielle Schaltgetriebe. Die Spannung vor dem Rennen war gewaltig, machten sich doch nicht weniger als fünf Hersteller berechtigte Hoffnung auf den Sieg. Nach dem frühen Ausfall der Mercedes und BMW bot das Toyota-Team eine phänomenale Leistung, der die Nissan und GT1 nichts entgegenzusetzen hatten. Als die Japaner ebenfalls das Rennen vorzeitig beenden mussten, schlug die Stunde der 911, die in der Reihung McNish/Ortelli/Aiello vor Müller/Wollek/Alzen die Ziellinie überquerten. Für das „kleine" Le-Mans-Rennen am Ende der Saison zeigte sich Porsche gut gerüstet und ging von Beginn an in Führung. Doch Dalmas wurde Opfer eines aerodynamischen Missgeschicks, legte einen Looping hin und blieb geschockt zurück.

Als letzter Porsche des zwanzigsten Jahrhunderts, der imstande war, Gesamtsiege bei Langstreckenrennen herauszufahren – mit Ausnahme des für Le Mans 2000 geplanten Prototypen, dessen Entwicklung dann aus finanziellen Gründen gestoppt wurde –, stellt der 911 GT1, wie auch der Dauer-Porsche, einen der attraktivsten Rennsportwagen dar, nicht zuletzt, da es ihn auch in einer Straßenversion zu kaufen gab. Diese für eine Millionärs-Klientel gedachte Straßenvariante entstand im Herzen der Motorsportabteilung zu Weissach Seite an Seite mit den echten Rennversionen. Um den Motor alltagstauglich zu machen, wurde er auf 544 PS bei 7000/min und 600 Nm abgespeckt. Dennoch waren die Fahrleistungen des gezähmten GT1 immer noch ausreichend: er durcheilte den stehenden Kilometer in 20,8 und den Sprint von 0 auf 100 km/h in rekordverdächtigen 3,9 Sekunden...

Der 911 GT1 des privaten Larbre-Teams durfte an der Le-Mans-Qualifikation am 3. Mai 1998 teilnehmen, schaffte die Quali aber nicht. Ursache war eine defekte Kupplung, die Jean-Pierre Jarier an die Boxen zwang (oben).

PORSCHE BOXSTER S

Der
Jungbrunnen

Zu Beginn der neunziger Jahre stand Porsche am Scheideweg. Ohne dass es offen eingestanden wurde, blieb der neue 968 doch hinter den Erwartungen zurück und der 928 war mittlerweile doch recht betagt. Die Zuffenhausener pflegten im Grunde eine 911-Monokultur, eine Abhängigkeit, aus der heraus zu kommen gar nicht so einfach war. Die Zeit schien reif für neue Zugpferde und einen radikalen Kurswechsel in der Modellpolitik. Mit einem Produktionsrückgang auf 12.500 Exemplare und einer Belegschaft, die um ein Viertel geschrumpft war, entschloss sich Porsche, seine Strategie zu überdenken und eine neue Produktgeneration zu entwickeln.

Dieser Umschwung, durch die Ankunft des neuen Chefs Wendelin Wiedeking im Jahre 1992 eingeläutet, manifestierte sich auf dem Autosalon in Detroit in der Form des Prototyps Porsche Boxster. Die Begeisterung der Amerikaner bestätigte die Richtigkeit der getroffenen Entscheidung. Für Technikdirektor Horst Marchart bot sich damit erstmals seit

Trotz seines gelungenen Starts im Jahre 1996 wurde der Boxster bald weiter entwickelt. Ab 1999 krönte der Boxster S die Baureihe. Mit 252 PS aus 3,2 Litern zeigt sich diese Version besonders sportlich.

Der Prototyp des Boxster wurde im Januar 1993 auf der Detroit Motor Show präsentiert und veränderte die Modellpolitik des Hauses nachhaltig.

Wie alle Modelle der Marke Porsche profitiert auch der Boxster von den Erfahrungen im Rennsport.

Jahrzehnten die Gelegenheit, ein vollständig neues Auto auf den Markt zu bringen. Von Beginn der Entwicklung an herrschte in Weissach Einigkeit über die grundlegenden Parameter, die den Neuen bestimmen sollten: es sollte ein reiner Zweisitzer werden, der Motor vor statt hinter der Hinterachse sitzen und das ganze Fahrzeug ungehemmte Sportlichkeit versprühen. Laut Wiedeking sollte der Boxster sich stark am 911 orientieren, um der unausweichlichen Frage, ob er denn ein „echter" Porsche sei, von vorneherein den Wind aus den Segeln zu nehmen. Wiedeking: „Von der ersten Skizze an stand uns die Vergangenheit der Marke vor Augen. Es war klar, dass der Boxster eine Hommage an unsere Vergangenheit werden musste, nicht weil es heute vielleicht Mode ist, das Alte wieder auszugraben, sondern weil eine Firma wie Porsche sich selbst treu bleiben, seine eigene Geschichte kennen und sie ausdrücken können muss."

Darum also war die Boxster-Studie, von Harm Lagaay und seinem Team in Anlehnung an den mythischen 550 Spyder entworfen, ein Zweisitzer mit Mittelmotor. Laut Lastenheft sollten möglichst viele Teile mit dem parallel in Entwicklung befindlichen 996 identisch sein. Der kleine Porsche sollte den Fahrspaß des großen 911 Cabriolet bieten – aber nur halb so teuer ausfallen.

Am heikelsten unter allen in Betracht zu ziehenden Parametern war die Frage der Motorisierung: „Der Boxster musste

Aus Gründen der Rationalisierung und der Kostensenkung verwendeten der Boxster und der in Frankfurt im September 1997 vorgestellte 996 viele baugleiche Teile.

einen Sechszylinder bekommen, einen Boxermotor, der bis ins neue Jahrtausend hinein den strengsten und komplexesten Anforderungen genügen musste." Um dies zu bewerkstelligen, geriet die Maschine des Boxster zu einer völligen Neuentwicklung, die mit dem Motor des 911 nur mehr das Konstruktionsprinzip gemein hatte. Als erster Porsche-Serienboxer bot dieser Zweieinhalbliter Wasserkühlung, vier Ventile pro Zylinder und viele im Rennsport erprobte Detaillösungen. Auf dem Pariser Salon im Oktober 1996 erlebte die Serienversion des Boxster seine Weltpremiere, nachdem auf dem Genfer Salon im Frühjahr zuvor erste Fotos an die Presse verteilt worden waren. Mit 204 PS Leistung bei 6000/min und einem Drehmoment von 245 Nm bei 4500/min erreichte dieser erste Boxster eine Spitze von 240 km/h.

Obwohl der Boxster recht spät auf einen Markt kam, der bereits den BMW Z3 und den Mercedes SLK freundlich aufgenommen hatte, zeigte sich der Neuling so erfolgreich, dass

Porsche einen Teil der Produktion nach Finnland auslagern musste. Dieser Erfolg verdankte sich der Tatsache, dass der Boxster das Beste der Porsche-Tradition verkörperte: Dynamik in Leistung und Design, Alltagstauglichkeit und Komfort, dazu ein Motor, der in Sachen Verbrauch und Emissionswerte vorbildlich war. Der Boxster wurde zwar allgemein als würdiger Nachfolger der 911 SC und Carrera 3.2 betrachtet, doch der leistungshungrige Teil der Kundschaft sah dennoch Anlass zum Genörgel. In Weissach nahm man die Wünsche ernst und brachte im September 1999 zwei neue, stärkere Versionen. In der Preisliste standen von da an das Basismodell mit nunmehr 2,7 Litern Hubraum und der neue Boxster S mit 3,2-Liter-Maschine. Der Basis-Boxster kam mit einer Hubverlängerung auf 78 mm und dem Einbau der Kurbelwelle und der verstärkten Lager aus dem 911 jetzt auf 220 PS bei 6400/min; noch mehr profitierte das Drehmoment, das von 245 auf 260 Nm anstieg.

Der Boxster S hingegen spielte leistungsmäßig in einer anderen Liga. Sein 3,2 Liter großer Sechszylinder-Boxer verleiht dem Wagen mit vier Ventilen pro Zylinder, variabel verstellbaren Nockenwellen und einer neuen zweistufigen Gemischzuführung einen gänzlich anderen Charakter. 252 PS bei 6250/min und 305 Nm bei 4500/min sorgen für äußerst sportliche Fahrwerte. Als Ausdruck einer neuen Politik im Hause Porsche war der Boxster S sowohl mit manu-ellem Sechsganggetriebe als auch mit der fünfgängigen Tiptronic S lieferbar. Dieser konnte man entweder das Schalten im Automatik-Modus gänzlich überlassen oder im manuellen Modus über Lenkradwippen selbst schalten. Die, wie bei Porsche üblich, perfekte Bremsanlage stammte aus dem 911.

Mit bislang über 50.000 hergestellten Exemplaren hat der Boxster alle in ihn gesetzten Erwartungen noch übertroffen und zählt bereits heute zu den meistverkauften Modellen der Porsche-Historie. Die geplante Vorstellung einer RS-Variante wird den Boxster noch attraktiver machen.

Mit dem Boxster hat Porsche schließlich seinen Weg gefunden.

Designchef Harm Lagaay meisterte die schwere Aufgabe und entwarf

eine gelungene Alternative zum 911. Im Bild die ursprüngliche

Designstudie von 1993.

Der Boxster war das Maß aller Dinge bei den zweisitzigen Roadstern.

Porsche erschloss sich neue Kundenkreise und ist so in der Lage, gute Profite

einzufahren, die die Zukunft der Marke sichern.

Der Mythos lebt fort!

Mit diesem Wagen belegten Thierry Perrier, Jean-Louis und Romano Ricci bei den 24 Stunden von Le Mans 2000 den 23. Rang (oben). Nummer 83 war ein Werkswagen und gewann unter Dirk Müller und Bob Wollek seine Klasse, wurde aber später wegen eines nicht regelkonformen Tanks disqualifiziert (oben rechts).

Seit der Renaissance der GT-Rennen bläst in der Automobilsport-Szene ein neuer, heilsamer Wind. Im Hause Porsche hatte man es sich über drei Jahrzehnte lang angelegen sein lassen, gute Kunden mit GT-Rennfahrzeugen zu versorgen, welche stets auf Serienmodellen basierten, und mischte nun aufs Neue kräftig mit. Nach dem 911 Carrera 3,8 RSR, dem 911 Turbo S speziell für Le Mans 1993 und dem 911 GT2, 1995 auf Basis des 993 turbo entwickelt, brachte man 1999 eine Kundensportversion des zivilen 996 GT3, den 996 GT3-R, der so ausgelegt war, dass man mit ihm bei GT-Rennen in aller Welt starten konnte. Vor Verkaufsbeginn Ende 1999 ließ Porsche probehalber zwei solche Fahrzeuge in den Farben privater Teams am Le-Mans-Rennen teilnehmen. Die Resultate waren ermutigend, kamen doch beide GT3-R ins Ziel, der schnellere belegte unter Alzen/Huisman/Riccitelli den dreizehnten Gesamtrang vor allen teilnehmenden 911 GT2 und vor fünf Chrysler Viper, die alle in der GTS-Gruppe fuhren.

Der zweite Wagen unter Wollek/Müller/Mayländer litt unter Getriebeproblemen und kam trotz eines Ausritts auf den neunzehnten Rang.

Diese beiden 911 der jüngsten Generation besaßen einen 3,6 Liter großen Sechszylinderboxer-Saugmotor mit vier Ventilen je Zylinder und Wasserkühlung. Diese Maschine, die auch den zivilen 996 GT3 antrieb, leistete 360 PS und stammte direkt von dem Turbo-Triebwerk ab, das den 911 GT1 1998 in Le Mans zum Sieg getrieben hatte.

Da das Baby offensichtlich heftige Lebenszeichen von sich gab, brachte man bei Porsche eine Kleinserie für die Sportkundschaft auf den Weg. Wie schon beim 911 GT2 einige Jahre zuvor, war auch in diesem Fall die Nachfrage überraschend hoch, so dass insgesamt 60 Einheiten vom 996 GT3-R entstanden. Obwohl die Technik direkt vom GT3 stammte, gab es doch manche Verbesserungen zu verzeichnen: verstellbare Federn und Stoßdämpfer, mehrfach justierbare Stabilisatoren; die überarbeitete Karosserie besaß Kot-

Wie die meisten Rennwagen besaß der 996 GT3-R

einen elektronischen Drehzahlmesser und ein multi-

funktionales Digitaldisplay.

flügelverbreiterungen aus Plastik, einen gewaltigen Heckflügel und einen Diffusor am Wagenboden, der die Kurvenlage verbesserte. Um das Gewicht auf 1120 Kilo zu drücken,
verwendete man Carbonfiber für Stoßstangen, Front- und
Heckhaube, Vorderkotflügel und Türen. Auch Seiten- und
Heckscheibe waren aus synthetischem Material gefertigt. Der
wassergekühlte 3,6-Liter-Sechszylinder leistete in seiner
stärksten Variante gut 430 PS; neben der reinen Leistungs-
steigerung, die im Vergleich zur zivilen Version 50 PS betrug,
hatte man besonders darauf geachtet, die Pferdestärken
über einen möglichst weiten Drehzahlbereich verfügbar zu
halten. Auch Maximaldrehzahl und Zylinderfüllung lagen
höher; anders als bei der Serienversion waren Einspritz-

menge und Zündzeitpunkt verstellbar, der rote Bereich auf
dem Drehzahlmesser begann bei 8000 Touren.
Angesichts dieser Daten war der Kauf eines GT3-R für das
Team Eole Compétition ein Muss, wollte man doch an der
französischen GT-Meisterschaft 2000 teilnehmen. Das war
für das Brüderpaar Jean-Louis und Jérome Miloé, zwei
Gentleman-Driver, der Beginn eines tollen Abenteuers.
Vom ersten Rennen an, in Nimes-Lédenon, setzte sich unser
911 GT3-R, den das Team Larbre Compétition präpariert
hatte, in Szene. Christophe Bouchut, der den indisponierten
Jerome Miloé vertrat, und Jean-Louis gaben eine Kostprobe
ihres Talents und gewannen den ersten Lauf, wobei sie die
übrigen GT3-R und die starken Viper hinter sich ließen. Im
zweiten Lauf belegte der 911 GT3-R auf der immer noch
recht gefährlichen Strecke den siebten Platz. Im Mai traf man
sich in Dijon-Prénois wieder, und mit dem genesenen
Jerome Miloé belegte der Wagen die Plätze zwei und drei
der Klasse GT-FFSA in beiden Läufen.
Nach dem Zwischenspiel von Le Mans, wo nicht weniger als
12 911 GT3-R in der Klasse LM-GT am Start standen, leistete
sich die französische GT-Meisterschaft Anfang Juli einen Aus-
flug nach Budapest. Wieder gibt der GT3-R der Brüder Miloé
ein gutes Bild ab und erringt die Plätze zwei und drei in seiner Klasse. Vierzehn Tage später geben sich die GT in Magny-
Cours ein Stelldichein über 500 Kilometer oder drei Stun-

den. Wegen der Überlänge des Events verstärkt Sébastien Dumez das Team. Der GT3-R des Teams Eole Compétition belegt den elften Gesamtrang und steht in der Klasse GT-FFSA gemeinsam mit den GT3-R von Alphand/Marques und Bervillé/Simmenauer/Bouchut auf dem Podium.

Weniger stark als die früheren 911 GT2, die immer noch in der französischen Meisterschaft liefen, war der 911 GT3-R doch fast genauso schnell und vor allem deutlich sparsamer. Dennoch wird er wohl nur Ausgangspunkt für künftige Entwicklungen sein, denn für 2001 zeichnen sich Versionen ab, die stärker sein werden als die turbogeladenen vergangener Tage. In punkto Bremsen und Kurvenlage hat sich gegenüber früheren Versionen des 911 bereits jetzt ein handfester Vorsprung ergeben.

Der 911 GT3-R ist ein Beleg für die Porsche-Überlegenheit auf dem Gebiet der Kundenrennwagen und markiert, nach dem 911 GT2, die Rückkehr der Marke in diesen Bereich, zur Freude der lange vernachlässigten Gentleman-Driver. Vielleicht verkörpern diese den Porsche-Geist in Reinkultur.

Der 3,6-Liter-Sechszylinder-Boxer des GT3-R basiert auf dem Triebwerk des 996 GT3. Seine Kraft und seine Sparsamkeit machen ihn in seiner Klasse schier unschlagbar.

Zukünftiger Klassiker

Porsche gibt sich niemals mit dem Erreichten zufrieden. Nach dem 993 turbo von 1995 gingen die Stuttgarter erneut daran, die Grenzen des technisch Machbaren weiter zu verschieben, als man es für möglich gehalten hätte. Ist das noch vernünftig?

Anders als die anderen Supersportwagen hat sich der Turbo beständig neuen Anforderungen und einem sich wandelnden Umfeld angepasst. Der 911 war nie Rekordhalter in einer einzelnen Kategorie, weder bei der Leistung, noch in Sachen Gewicht, noch bei der Höchstgeschwindigkeit oder beim Preis; stattdessen war es immer seine Ausgewogenheit, die ihn so überragend machte.

Schon der 993 Turbo mit seinen elektronischen Assistenten, den vier angetriebenen Rädern und seinen 408 PS galt als High-tech-Mobil und Höhepunkt der 911-Entwicklung, als Endpunkt einer dreißig Jahre währenden, beständigen Evolution. Höhe- und Endpunkt? Da kannte man Porsche schlecht. Mit der Vorstellung eines ganz neuen 911 Ende 1997 stellte sich die Frage nach einem neuen Turbo. Zweifellos eignete sich der 996 ganz hervorragend als Basis für ein neues Turbo-Modell. Die ersten Tests bestätigten diese Ansicht der Ingenieure. Aber mit einer erfolgreichen Formel spielt man nicht ohne Not herum und die Güte der Vorgänger war Verpflichtung, noch mehr zu erreichen.

Ohne sich hineinsetzen zu können, waren die Betrachter von dem Standmodell des 996 turbo auf der IAA 1999 begeistert. Am Design stachen besonders die riesigen Lufteinlässe in der Frontschürze und die Einlässe an den hinteren Kotflügeln hervor. Auch erreichte der Neuling Bestwerte in der Elastizität. Der neue Turbo war aber nicht nur schaltfaul zu fahren, er besaß natürlich auch jene technischen Errungenschaften, die Porsche voller Stolz in den achtziger Jahren präsentiert hatte. Das Allradsystem aus dem Carrera 4 besaß im Turbo, um die Gewichte möglichst gleichmäßig zu verteilen, eine mit dem Differenzial verblockte Visco-Kupplung an der Hinterachse. Diese sorgte für die stets richtige Aufteilung der Kraft zwischen Vorder- und Hinterachse, während die Kraftverteilung zwischen den Hinterrädern über ein selbst sperrendes Differenzial geregelt wurde. Das ganze System wog 55 Kilogramm weniger als im Vorgänger-Turbo. Bei der Entwicklung dieses Topmodells griff Porsche tief in die Teilekiste. Die Radaufhängungen stammten aus dem Carrera 4, doch zeigte sich das Fahrwerk mit breiterer Vorderspur, reduzierter Bodenfreiheit sowie härter abgestimmten Federn, Stoßdämpfern und Stabilisatoren der Leistung angepasst. Das galt auch für die Bremsen. Vergrößert und verstärkt bestrichen sie eine größere Fläche, und besser gekühlt wurden sie auch. Diese Bremsen setzen Maßstäbe, mindestens bis zur aktuel-

Über dem 996 mit Saugmotor krönt der auf der IAA 1999 präsentierte 996 turbo das Porsche-Programm.

len Einführung der neuen Keramikbremsen, die nicht nur leistungsfähiger als Stahlbremsscheiben sind, sondern auch nur die Hälfte wiegen. Der Fortschritt macht nicht Halt! Mit ihrer geringeren Empfindlichkeit gegenüber Temperaturschwankungen, Gewicht des Wagens und ihrer verbesserten Modulierbarkeit werden diese neuen Bremsen das Nonplusultra an Verzögerung darstellen.

Der 996 turbo ist zwar auch reich ausgestattet, besticht aber in erster Linie mit seinem Motor, der seine Vorgänger vergessen macht. 40 Kilo leichter, entwickelt der 3,6-Liter-Biturbo-Boxer 420 PS bei 6000/min. Das Drehmoment von 57 mkg steht im gesamten Bereich von 2700 bis 4600 Umdrehungen zur Verfügung. Um das Ansprechverhalten zu verbessern, sind Ansaug- und Auspufftrakt so kurz wie möglich gehalten; das Gaspedal setzt seine Befehle auf elektronischem Wege um. Die Luft wird mit maximal 1,8 bar in die Zylinder gedrückt, für Abhilfe im Falle von Überdruck sorgen zwei Wastegate-Ventile. Natürlich erfreut sich auch dieser Turbo einiger im Rennsport erprobter Lösungen, darunter die Kolben aus Spezialstahl und die Nikasil-beschichteten Laufflächen.

Darüberhinaus ist der neue Turbo-Motor der erste Sechszylinder-Boxer mit VarioCam Plus, einem System, das Öffnungsdauer und Hub der Ventile den jeweiligen Umständen anzupassen vermag. Das bringt viele Vorteile mit sich, geringere Verbrauchs- und Emissionswerte, mehr Drehmoment bei niedrigen und mehr Leistung bei hohen Drehzahlen.

Der 996 turbo ist schließlich und endlich die Quintessenz aus einem halben Jahrhundert Porsche. Mit dem 356 Anfang der fünfziger Jahre war man Vorreiter gewesen, heute steht man noch immer an der Spitze. Die Firma scheint für das 21. Jahrhundert aufs Allerbeste gerüstet. 2048 steht der hundertste Geburtstag an, dann sehen wir uns wieder...

Der 996 turbo setzt neue Maßstäbe in der Kategorie der Supersportwagen. Der 3,6-Liter-Sechszylinder leistet 420 PS, die über einen permanenten Allradantrieb auf alle vier Räder verteilt werden. Die Spitze liegt bei gut 300 km/h. Dennoch müssen die Passagiere nicht auf komfortable Annehmlichkeiten verzichten. Überragend die Beschleunigungswerte: von 0 auf 100 km/h in 4,2, stehender Kilometer in 22,4 Sekunden.

Alle Farbbilder dieses Buches wurden auf Fujichrome PROVIA 100 F aufgenommen, ein Film, dessen extrafeine Körnung herausragende Definitionen garantiert und perfekte Farbtreue und Kontraste ermöglicht. Der Film eignet sich auch hervorragend für Vergrößerungen und Ausschnitte.

Danksagungen

Wie jedes Projekt, so war auch dieses vor allem ein menschliches Abenteuer, das uns mit vielen Freunden zusammenführte. Nicht ohne Sentiment gedenken wir, wenn es darum geht, Dank abzustatten, jener Freunde der Marke, die uns bei der Realisierung dieses Buches unterstützt und, durch ihre Kenntnisse, geleitet haben. Ihre mitteilungsfreudige Begeisterung, ihre freundliche Großzügigkeit trugen maßgeblich dazu bei, eine freundschaftliche Atmosphäre zu schaffen. Dank also an: J.-C. Miloé, B. Coutourier, C. Picasso, P. Gosselin, L.F. Bernard, A. Pibarot, V. Kaiser, A. Sandrin, M. Lefebvre, Gilles Blanchet, M. Lesage und alle jene, die – sie werden sich wiederfinden – aus Bescheidenheit nicht genannt werden wollen.

Gleichermaßen bedanken wir uns besonders herzlich bei Jean-Luc Besson und seinem Sohn Michael für ihren wertvollen Beitrag, bei M. Schiedé und dem Personal des Museums zu Mulhouse, beim Museum zu Nancy, bei Stéphan Roux und Mélanie Rambaud von Porsche Frankreich, bei Ibby Stockdale, bei David Barrière und bei Laurent Berthet.

Besondere Erwähnung verdient Jean-Claude Miloé und die Versicherung LDA Assurances, ohne die dieses Buch nicht hätte realisiert werden können.

Und schließlich unser ganz besonderer Dank an Benoît Coutourier, der es unternahm, einen 917 in den ersten Stunden des Tages durch das verregnete Paris zu chauffieren.

Fotos

Wir danken allen, die uns ihre Archive öffneten: Bernard Cahier, Augenzeuge der größten Momente des Automobilrennsports; Pierre Autef, Spezialist für die 24 Stunden von Le Mans; dem Werk; Jack Leconte und Ulrich Upietz.

Impressum

Heel Verlag GmbH
Gut Pottscheidt
53639 Königswinter
Tel.: (0 22 23) 92 30-0
Fax: (0 22 23) 92 30 26

Deutsche Ausgabe:
© 2001 by Heel Verlag GmbH

Französische Originalausgabe:
E/P/A – Hachette Livre 2000
Französicher Originaltitel: Porsche
Copyright © 2000 by E/P/A – Hachette Livre
Text: Sylvain Reisser
Fotografien: Dominique Fontenat

Deutsche Übersetzung:
Dorko M. Rybiczka
Lektorat:
Joachim Hack
Satz:
Heel Verlag GmbH, Stefan Witterhold

Druck: MAME, Tours, Frankreich

Printed and bound in France

ISBN 3-89880-008-3